金山®
KINGSOFT

U0148750

WPS® Office

实战技巧

——教学应用篇

精粹

■ 金山公司◉编

人民邮电出版社
北京

图书在版编目（CIP）数据

WPS Office实战技巧精粹. 教学应用篇 / 金山公司
编. -- 北京：人民邮电出版社，2012.7
ISBN 978-7-115-25349-1

Ⅰ．①W… Ⅱ．①金… Ⅲ．①办公自动化—应用软件
，WPS Office—教材 Ⅳ．①TP317.1

中国版本图书馆CIP数据核字(2011)第129227号

内 容 提 要

作为教师的你，可记得入职之初遇到的办公难题？可记得第一次制作课件、制作试卷、写职称论文时面临的疑惑？随着越来越多的用户使用 WPS Office，其中的一个庞大群体—教师用户的需求也越加明显。如何使用 WPS Office 解决越来越多样化的教学问题？而现在市场上暂无一本专门针对教师用户所著的 Office 技巧全书。于是，WPS 召集全国教学领域 Office 精英合著了本书。

本书将涵盖课件制作、教学管理、课程分析、成绩统计、人事管理等方面，针对教学工作中的不同人员角色，制定了不同的章节内容，每个技巧独立成篇，每篇介绍一个 Office 教学应用技巧，WPS 精挑细选了各种实用性高、指导性强的技巧，希望能给教师朋友带去更好的帮助。

WPS Office 实战技巧精粹——教学应用篇

◆ 编　　　　金山公司
　　责任编辑　张　涛

◆ 人民邮电出版社出版发行　　北京市崇文区夕照寺街 14 号
　　邮编　100061　　电子邮件　315@ptpress.com.cn
　　网址　http://www.ptpress.com.cn
　　北京鑫丰华彩印有限公司印刷

◆ 开本：787×1092　1/16
　　印张：12.75
　　字数：320 千字　　　　　　　2012 年 7 月第 1 版
　　印数：1—4 000 册　　　　　　2012 年 7 月北京第 1 次印刷

ISBN 978-7-115-25349-1

定价：50.00 元（附光盘）

读者服务热线：(010)67132692　印装质量热线：(010)67129223
反盗版热线：(010)67171154

序言

WPS Office 2010 个人版正式发布以来，我们收到了很多用户的反馈和建议，各位用户对 WPS 文字、表格、演示的相关功能应用也发掘得越来越深入了。从去年的校园版发布时举办的名师征稿活动以来，教师用户们对 WPS 在教学上应用的需求和理解既深刻细致，又贴合实际，将 WPS 运用到教学中，联系实际解决教师工作中遇到的问题已经成了一个相当热门的需求。

现在，金山 WPS 联合百位教学经验丰富的教师用户，共同撰写百篇 WPS 教学应用技巧集，为所有的读者展示 WPS 在教学应用上的各种可能。本着精益求精，质量优先的精神，从两百多篇教程稿件中，择优录取、选择的文章基本涵盖了教师工作的各个方面，根据教师的工作内容分成了 7 章，共 100 个使用技巧。如果您在使用 WPS 工作中遇到难题，只要翻开目录，定能找到适合您的解决办法。本书主要内容介绍如下。

第一章　学生成绩评估

如何快速录入学生成绩，并加以分析，为制作教学规划做准备是教学管理者的必要工作之一，制作一个合适的评分系统，可在免除重复劳动的同时大大提高了评分效率。

第二章　学员管理

考试成绩分析、课程表编排、学生信息录入，这些数据庞大的工作，如何既高效又准确的进行呢？相信阅读本章内容后，自然会学到不少好的解决方法。

第三章　文档编辑和美化

在教学工作中，助理教师或行政管理者要做一些琐碎而必要的工作，如会议管理、班级日志管理、各种班级活动的举办以及跟踪监控等，使用 WPS 可以让你在编辑这类文档时做到更高效、更标准。WPS 在线模板更提供很多公文书写的标准格式供您参考。

第四章　试卷和测试题制作

以前，办公软件还未普及时，相信有很多教师都有制作油印试卷的经验，人工版刻不仅费时还很费力，随着办公自动化软件的应用，WPS 成为教师制作试卷、测试题的优先选择，本章讲解 WPS 2010 在试卷制作方面的卓越功能。

第五章　制作演示课件

本章主要介绍各位教师用户使用 WPS 2010 的演示组件（WPP）制作教学课件的实用技巧，其中关于动画设置和触发器使用技巧在 WPS 官方论坛中的查询度非常高，如果你想一鸣惊人地制作出有足够吸引力的课件，这一章不可错过。

第六章　教案和课程分析

教案，教师对教学课程的设计方案，称为教案。在教学方式越来越多样化的今天，图文并茂是优秀教案的一大特点，使用 WPS 中的文字、表格和演示相结合可以轻松地做出各种优秀的教案，同时还可以将 WPS 应用于课程分析和教学控制中。

WPS 校园版应用见随书光盘。希望本书能够成为各位教师的好助手，能助您教学工作一臂之力！

第七章　初探 2012

2011 年 9 月，金山软件正式发布 WPS Office 2012，它免费、小巧，深度兼容的 WPS Office 2012 具有焕然一新的全新界面、Windows 7 风格、大气时尚，更有最新的在线模板和在线素材库，加上十大文档创作工具以及百项深度功能改进……想了解更多？本章就带你初探 2012 "庐山真面目"！

金山 WPS 全体

目录

WPS Office

I

学生成绩评估

考试完成之后， 如何快速录入学生成绩， 并加以分析， 进而为今后提高教学质量， 制作教学规划做准备？统计分析、 筛选排序、 学生成绩评估的方法多种多样，看你的班级， 适合的是哪一种？

制作一个合适的评分系统是教学管理者的必要工作之一， 可免除重复劳动的同时大大提高了评分效率。

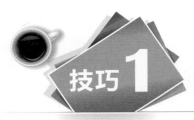

技巧1 打造清爽成绩条

作者：宋志明

考试结束后，通常都需要班主任给学生或家长发放成绩通知条。为便于阅读和剪裁，通常每份成绩条都包括一个空行、一个标题行和成绩行。怎样才能方便简单地创建漂亮美观的成绩条呢？下面的方法或许值得您一试。

一、快速创建成绩条

学生的原始成绩存放于“20100520期中”工作表的A1:R60单元格区域，如图1所示。

J3 =SUM(C3,D3,E3)

	A	B	C	D	E	F	G	H	I	J	K	L	M	N	O	P	Q	R
1	期中考试　成绩册																	
2	序号	姓名	语文	数学	英语	理论	实践	总分	名次	文化合计	文化名次	专业合计	专业名次	语文名次	数学名次	英语名次	理论名次	实践名次
3	1	张001	66	80	70	71	103	390	1	216	1	174	3	2	1	1	5	2
4	2	张002	71	73	33	76	113	366	2	177	3	189	1	1	2	21	3	1
5	3	张003	66	68	42	66	93	335	3	176	5	159	4	2	4	10	6	4
6	4	张004	63	55	31	73	102	324	4	149	11	175	2	5	10	24	4	3
7	5	张005	60	70	47	35	62	274	5	177	3	97	10	9	3	7	12	7
8	6	张006	63	48	47	41	74	273	6	158	8	115	6	5	19	7	11	5
9	7	张007	57	52	67	28	64	268	7	176	5	92	11	10	12	2	18	6
10	8	张008	61	66	58	33	41	259	8	185	2	74	15	8	5	3	15	17
11	9	张009	63	50	33	80	28	254	9	146	12	108	7	5	16	21	1	31
12	10	张010	50	49	38	57	43	237	10	137	14	100	8	25	17	15	8	16

▲ 图1　期中考试成绩表格

将一个新的工作表重命名为“成绩条”，将鼠标光标定位于A1单元格，录入如下公式：

=IF(MOD[ROW(),3]=1,"",IF(MOD[ROW(),3)=2,'20100520期中'!A$2,INDEX(‘20100520期中'!$A:$R,ROW()/3+2,COLUMN()))”

选中该单元格的填充句柄，向左拖动复制公式至R列或出现错误提示为止。此时的结果似乎是A1:R1单元格区域没有任何变化，别担心，没有变化是正常的。再选中A1:R1单元格区域，向下拖动填充句柄至出现最后一名学生成绩条。松开鼠标，就可以看到所有学生的成绩条了。而且每个成绩条都包括一个空行、一个标题行、一个成绩行，如图2所示。选中全部单元格，设置水平方向和垂直方向均为居中对齐，这样会漂亮很多的。

A1 =IF(MOD(ROW(),3)=1,"",IF(MOD(ROW(),3)=2,'2010C

	A	B	C	D	E	F	G	H	I	J	K	L	M
1													
2	序号	姓名	语文	数学	英语	理论	实践	总分	名次	文化合计	文化名次	专业合计	专业名次
3	1	张001	66	80	70	71	103	390	1	216	1	174	3
4													
5	序号	姓名	语文	数学	英语	理论	实践	总分	名次	文化合计	文化名次	专业合计	专业名次
6	2	张002	71	73	33	76	113	366	2	177	3	189	1
7													
8	序号	姓名	语文	数学	英语	理论	实践	总分	名次	文化合计	文化名次	专业合计	专业名次
9	3	张003	66	68	42	66	93	335	3	176	5	159	4
10													
11	序号	姓名	语文	数学	英语	理论	实践	总分	名次	文化合计	文化名次	专业合计	专业名次
12	4	张004	63	55	31	73	102	324	4	149	11	175	2

▲ 图2　创建好之后的成绩条

公式的相关说明。

观察发现：空行所在行数除以 3 所得余数为 1，成绩表标题行所在的行数除以 3 所得余数为 2，而成绩行的行数除以 3 所得余数则为 0。这样就可以通过取余数函数 MOD 和判断函数 IF 结合使用，对不同行填充内容进行判断填充。至于 INDEX 函数中的参数，同样可发现，在原始成绩表中各位学生成绩所对应的行数等于成绩条中成绩行数除以 3 再加 2 的和。

公式的作用是，判断当前单元格所在行的行数被 3 除的余数，如果余数为 1，那么在当前单元格为空，如果余数为 2，则填写"20100520 期中"工作表中当前列的第 2 行数据（即该工作表的标题行），若余数不为 1 或 2，则填"20100520 期中"工作表中 $A:$R 单元格区域行数为成绩条中成绩行数除以 3 再加 2 的和，而列数为当前列的数据。

二、快速添加边框线

现在需要给含有内容的单元格添加边框线，而空行是不需要添加的。当然，不可能逐行选中依次添加。我们可以利用条件格式设置边框线。

选中全部单元格区域，单击菜单命令"格式"→"条件格式"，打开"条件格式"对话框，在"条件 1"下拉列表中选择"公式"，然后在其右侧的输入框中输入公式"=A2<>""，如图 3 所示。

单击对话框右下方的"格式"按钮，打开"单元格格式"对话框，单击"边框"选项卡，选中"外边框"，如图 4 所示。如果需要设置其他格式，如字体、填充颜色等，可以在此对话框中进行设置。完成后一直单击"确定"按钮后，就可以得到需要的边框线效果了。

▲ 图 3　单元格条件格式设置　　　　▲ 图 4　单元格格式设置

三、分行调整行高

此时的成绩条还有一点问题，那就是空白行、标题行的高度和成绩条的高度需要做一下调整，以方便打印和阅读。此处的难点在于空行、标题行、成绩条所在行的高度要求是不一样的。

现调整空白行的行高，选中所有的单元格，鼠标拖动行与行之间的分界线到合适位置即可。之后，还需要调整成绩条的标题行与成绩所在行的行高。

　　前面说过：成绩表标题行所在的行数除以 3 所得余数为 2，而成绩行的行数除以 3 所得余数则为 0。我们可以利用这一点来达到定位的目的。

　　将鼠标光标定位于 S1 单元格，输入公式 "=1/(MOD(ROW(),3)-2)"，然后向下拖动该单元格的填充句柄至最后一行。可以看到，该列凡是标题行所在行，均出现了错误提示 "#DIV/0!"。单击菜单命令 "编辑"→"定位"，打开 "定位" 对话框。选中 "公式" 和 "错误" 复选项，然后单击 "定位" 按钮，如图 5 所示，即可选中全部的错误单元格。

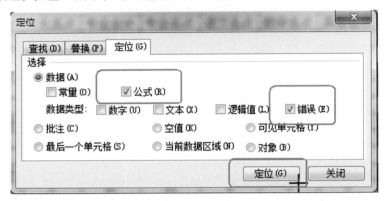

▲ 图 5　定位设置

　　关闭 "定位" 对话框，再单击菜单命令 "格式"→"行"→"行高"，打开 "行高" 对话框。设置合适的行高数，如图 6 所示。

　　至于成绩条所在行的行高调整，那只需要照着葫芦画瓢：将 S1 单元格的公式改为 "=1/(MOD(ROW(),3))"，向下复制公式到最后一行，再用前边的方法定位所有的错误单元格，再打开 "行高" 对话框调整相应的行高即可，最后效果如图 7 所示。

▲ 图 6　将行高设定为适当数目

	A	B	C	D	E	F	G	H	I	J	K	L	M
1													
2	序号	姓名	语文	数学	英语	理论	实践	总分	名次	文化合计	文化名次	专业合计	专业名次
3	1	张001	66	80	70	71	103	390	1	216	1	174	3
4													
5	序号	姓名	语文	数学	英语	理论	实践	总分	名次	文化合计	文化名次	专业合计	专业名次
6	2	张002	71	73	33	76	113	366	2	177	3	189	1
7													
8	序号	姓名	语文	数学	英语	理论	实践	总分	名次	文化合计	文化名次	专业合计	专业名次
9	3	张003	66	68	42	66	93	335	3	176	5	159	4
10													
11	序号	姓名	语文	数学	英语	理论	实践	总分	名次	文化合计	文化名次	专业合计	专业名次
12	4	张004	63	55	31	73	102	324	4	149	11	175	2

▲ 图 7　做好的学生成绩条效果

技巧2 使用 WPS 表格，轻松录入考试成绩

作者：陈桂鑫

一位教师朋友前阵子跟我抱怨说，虽然电子表格中对成绩统计、整理是很方便，但要把成绩输入电脑却很麻烦。通常收回的学生试卷并不可能按已有成绩表中的顺序排列，输入成绩前总得先花很多时间把试卷按记录表中的顺序进行排列整理，之后才能顺次输入。而她希望能实现的快速录入效果则是：**按试卷的顺序逐个输入学号和分数，由电脑按学号把成绩填入成绩表中相应学生的记录行中**。下面，借助 WPS 表格来介绍如何实现这个效果。

一、制作成绩表

首先打开 WPS 表格制作一张成绩记录表，这个比较简单就不细说了。然后在成绩记录表右侧，

另外增加 4 列（J：M），并按图 1 所示输入列标题。选中 J1 单击菜单"数据有效性"，在"数据有效性"窗口的"设置"选项卡下，单击"允许"的下拉列表选择"序列"，在"来源"中输入公式 =$C$1:$H$1，单击"确定"按钮完成设置。选中 K 列右击选择"设置单元格格式"，在"设置单元格格式"窗口的"数字"选项卡"分类"中选择"文本"，将 K 列设置为文本格式。

▲ 图1　输入成绩表列标题

二、设置公式

选中 J2 单元格，输入公式：

=IF(ISERROR(VLOOKUP(A2,L:M,2,FALSE)),"",VLOOKUP(A2,L:M,2,FALSE))

公式表示按 A2 的学号在 L:M 查找并显示相应的分数，当没找到出错时显示为空。在 L2 输入公式 =VALUE（"2007"&LEFT(K2,3)），公式用于提取 K2 数据：左起 3 位数，并在前面加上 2007，然后转换成数值。由于同班学生学号前面部分一般都是相同的，为了加快输入速度，我们设置为只输入学号的最后 3 位数，然后 L2 公式就会自动为提取的数字加上学号前相同的部分"2007"，并显示完整学号，若需要也可设置为只输入两位学号。接着在 M2 中输入公式 =VALUE(MID(K2,4,5))，提取 K2 数据从第 4 位以后的 5 个数字（即分数）并转成数值。当然，若

学号后数字不足 5 位，电脑也会"聪明"地只提取实际那几位。最后选中 J2：L2 单元格区域，拖动其填充柄向下复制填充出与学生记录相同的行数，如图 2 所示。

学号	姓名	1单元	2单元	期中	3单元	4单元	期末			输入	学号	成绩
2007001	学生01	98	68								2007	#VALUE!
2007002	学生02	89	68								2007	#VALUE!
2007113	学生03	78	99								2007	#VALUE!
2007004	学生04	68	97								2007	#VALUE!
2007005	学生05	68	96								2007	#VALUE!
2007006	学生06	99	86								2007	#VALUE!
2007007	学生07	97	78								2007	#VALUE!
2007008	学生08	96	89								2007	#VALUE!
2007009	学生09	99	98								2007	#VALUE!

▲ 图2　拖动其填充柄复制填充出与学生记录相同的行数

注　　VALUE 函数用于将提取的文本转成数值。若学号中有阿拉伯数字以外的字符，例如 2007-001 或 LS2007001，则学号就自动变成了文本格式，此时 L2 的公式就不必再转成数值了，应该改成 ="LS2007"&LEFT(K2,3)，否则 VALUE 函数会出错。

三、预防输入错误

大量输入难免会有出错的时候，选中 K 列，单击菜单"格式 / 条件格式"，在"条件格式"窗口中的条件 1 下的下拉按钮中，选择"公式"，并输入公式"=L1=2007"，不进行格式设置。然后单击"添加"按钮，添加条件 2，设置公式为"=COUNTIF(L:L,L1)>1"，单击后面的"格式"按钮，在格式窗口的"图案"选项卡中设置底纹为红色，单击"确定"按钮完成设置，如图 3 所示。

这样当在 L 列中出现两个相同学号时，就会变成红色显示。按前面的公式设置，当 K 列为空时 L 列将显示为"2007"，因此前面条件 1 的当 L1 = 2007 时不设置格式，就是为了避开这个重复。此外，若担心分数输入错误，还可再添加一个条件 3，设置公式为"=M1>120"，颜色为"黄色"，即可在输入的分数超过 120 时变成黄色提醒。

四、快速录入成绩

到这一步复杂的设置已经完成了，以后需要输入成绩时，只要先单击 J1 单元格的下拉按钮，从下拉列表中选择要输入的列标题（例期中），以"学生 01"为例，在 K2 单元格中输入"00159"，单击回车键，则 L2，M2 单元格中就会显示该学生的学号"2007001"，分数"59"。会显示学生的学号 2007001、分数 59，同时分数会自动填写到学号为 2007001 行的 J 列单元格中。只要这样重复输入学号分数、回车，即可轻松完成全部学生的成绩录入。在输入时，如果学号出现重复，则输入的单元格和与其重复的单元格会同时以红色显示，提醒你输入可能出错了，如图 4 所示。由于学号和成绩是按试卷顺序输入的，因此，即使输入错误也可以很方便地翻出错误输入值所在的试卷进行校对。

全部输入完成后，再选中 J 列进行复制，然后选中"期中"成绩所在的 E 列，右击选择"选择性粘贴"，在弹出窗口中单击选中"数值"单选项，将 J 列分数以数值方式粘贴到 E 列就彻底完成了成绩录入。

▲ 图 3　设置条件格式

H	I	J	K	L	M
期末		期中	输入	学号	成绩
		59	00159	2007001	59
			008122	2007008	122
		89	00389	2007003	89
			00956	2007009	56
			01226	2007012	26
			015111	2007015	111
			012045	2007012	45
		122		2007	#VALUE!
		56		2007	#VALUE!
				2007	#VALUE!

学号相同

▲ 图 4　输入错误时，单元格以红色显示

利用分类汇总 深入分析学生成绩

作者：孙少辉

期末考试结束以后，及时对学生的成绩进行深入的汇总、分析，可以为后续教学提供科学依据，增强教学工作的针对性，提升教学管理工作的整体水平。作为教务部门，最关注的是各班级各科平均成绩的对比，在平行分班的情况下，这项数据可以最直观地反映不同班级的教学和管理水平，因而也常常作为教师业务水平和班级管理考核的重要参考。那么，如何迅速、准确地统计上述信息呢？利用 WPS 表格强大的数据排序和分类汇总功能可以轻松实现。

那么，什么是分类汇总呢？所谓分类汇总就是对表格中的数据按某种类别进行分类，将类别相同的数据作为一组，对各组数据进行求和、求平均值、计数等汇总运算。针对同一类别的数据，可进行多种形式的汇总。需要注意的是：（1）在分类汇总前，先要按照类别对数据进行排序；（2）在分类汇总时要区分清楚依据什么进行分类、对哪些项目进行汇总以及汇总的方式，这些在分类汇总对话框中要逐一设置。

下面以《洛浦中学八年级期末考试成绩表》为例，介绍分类汇总在教学成绩分析中的应用。我们的目的是：以班级为依据对学生成绩进行分析，统计出各班级各学科的平均成绩。方法如下。

一、以班级为依据对数据排序

运行 WPS 表格，打开准备好的文件《洛浦中学八年级期末考试成绩表 .et》，如图 1 所示。从表中可以看到，当前学生成绩是按照学籍编号排列的，该年级共有 8 个班，323 名学生。因为我们想要对不同班级的成绩进行横向对比，所以需要按班级对学生进行分类，这项工作通过排序进行。

拖动鼠标光标，选中所有学生成绩所在的单元格区域，单击"数据"菜单下的"排序"命令，如图 2 所示。

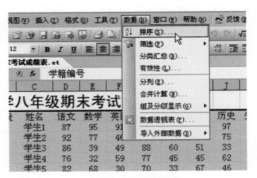

▲ 图 1　洛浦中学八年级期末考试成绩表　　　　▲ 图 2　单击排序命令

弹出"排序"对话框，单击"主要关键字"选项右侧的下拉箭头，在下拉列表中单击"班级"，以班级为排序的主要关键字，排序方式保持默认的"升序"不变，如图 3 所示。

单击"确定"按钮关闭对话框，即可完成数据排序，如图 4 所示。

▲ 图 3　保持默认排序方式

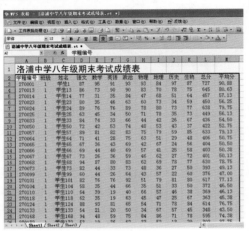

▲ 图 4　完成数据排序

注　在 WPS 表格中排序时，可以设置 3 个关键字，如果您希望实现这样的效果，先按班级编号由小到大排序，在每个班级中按总分由高到低排序，如果某班里两名学生总分相同，按语文成绩排序，高分排在前面，就需要在设置主要关键字的同时，设置次要关键字为"总分"，排序方式为降序，第 3 关键字为"语文"，排序方式为降序。

二、对数据进行分类汇总

单击"数据"菜单下的"分类汇总"命令，在弹出的"分类汇总"对话框里，"分类字段"仍设为"班级"，将"汇总方式"设为"平均值"；在"选定汇总项"下面的列表中，依次勾选"语文、数学、英语、政治、物理、地理、历史、生物、总分、平均分"，如图 5 所示，单击"确定"按钮关闭对话框，即可完成数据的分类汇总。

▲ 图 5　勾选分类汇总项

> **注**　细心的朋友可能会注意到，单击"汇总方式"选项右侧的下拉箭头，在弹出的下拉列表中显示的汇总方式多达 11 种，如图 6 所示，如果我们将汇总方式设为"最大值"，最终得到的将是数据表中各班级各学科的最高分。

▲ 图 6　分类汇总的多种方式

如果勾选了对话框底部的"每组数据分页"复选框，则 WPS 表格会自动按照班级对汇总后的数据分页，如图 7 所示，方便用户打印各班级的成绩。

		洛浦中学八年级期末考试成绩表										
2	学籍编号	班级	姓名	语文	数学	英语	政治	物理	地理	历史	生物	总分	平均分
44		1 平均值		74.76	54.37	50.93	70.73	53.59	61.34	44.9	63.12	473.73	59.22
94		2 平均值		72.45	49.57	53.22	70.63	56.69	62.08	46.02	60.8	471.47	58.93
131		3 平均值		61.44	28.11	32.56	63.33	35.03	49.53	31.03	45.47	346.5	43.31
171		4 平均值		67.05	38.67	32.38	60.74	42.23	45.31	33.05	49.62	369.05	46.13
208		5 平均值		66.69	26.69	46.75	69.22	49.75	52.72	30.75	45.81	388.39	48.55
242		6 平均值		67.33	22.64	32.67	63.85	34.7	44.24	31.7	39.61	330.61	41.87
289		7 平均值		73.26	41.54	39.54	69.98	55.22	58.98	33.24	57.02	426.07	53.52
290	270002	8	学生2	92	77	46	88	81	91	75	99	649	81.13
291	270004	8	学生4	76	32	59	77	45	45	62	67	463	57.88
292	270012	8	学生12	81	49	51	84	48	50	31	56	450	56.25
293	270017	8	学生17	74	52	33	68	60	55	44	63	449	56.13
294	270019	8	学生19	83	39	35	52	62	85	44	47	447	55.88
295	270020	8	学生20	85	39	44	69	61	54	30	64	446	55.75
296	270035	8	学生35	89	56	94	82	79	84	76	630	78.75
297	270046	8	学生46	92	82	57	83	69	82	73	88	626	78.25
298	270049	8	学生49	82	36	20	59	63	48	53	416	52.00
299	270058	8	学生58	83	26	25	79	68	45	32	51	409	51.13
300	270061	8	学生61	81	27	21	57	57	57	45	56	401	50.13
301	270082	8	学生82	69	37	19	65	50	58	21	62	381	47.63
302	270088	8	学生88	68	40	22	61	46	71	22	48	378	47.25
303	270103	8	学生103	84	30	38	61	48	40	26	40	367	45.88
304	270108	8	学生108	84	21	30	57	32	57	34	48	363	45.38

▲ 图 7　分类汇总结果

此时细心的朋友可能还会发现，在原来的数据表左侧已经多出些其他内容，如果拖动滚动条到 1 班数据的末尾，会发现这里多出一行数据，显示的正是 1 班学生各学科成绩的平均值，如图 8 所示。

	1 平均值	74.76	54.37	50.93	70.73	53.59	61.34	44.9	63.12	473.73	59.22
	2 平均值	72.45	49.57	53.22	70.63	56.69	62.08	46.02	60.8	471.47	58.93
	3 平均值	61.44	28.11	32.56	63.33	35.03	49.53	31.03	45.47	346.5	43.31
	4 平均值	67.05	38.67	32.38	60.74	42.23	45.31	33.05	49.62	369.05	46.13
	5 平均值	66.69	26.69	46.75	69.22	49.75	52.72	30.75	45.81	388.39	48.55
	6 平均值	67.33	22.64	32.67	63.85	34.7	44.24	31.7	39.61	330.61	41.87
	7 平均值	73.26	41.54	39.54	69.98	55.22	58.98	33.24	57.02	426.07	53.52
	8 平均值	80.7	43.26	43.23	70.29	55.42	60.95	41.79	55	449	56.26
	总平均值	70.95	39.19	42.01	67.63	48.72	55.11	37.09	52.89	412.35	51.66

▲ 图 8　1 班学生各学科成绩的平均值

如果用鼠标单击列标题左侧的按钮"2"，原有的表格将会变为如图 9 所示的形式，各班级各学科的平均成绩一目了然。

洛浦中学八年级期末考试成绩表

学籍编号	班级	姓名	语文	数学	英语	政治	物理	地理	历史	生物	总分	平均分
	1 平均值		74.76	54.37	50.93	70.73	53.59	61.34	44.9	63.12	473.73	59.22
	2 平均值		72.45	49.57	53.22	70.63	56.69	62.08	46.02	60.8	471.47	58.93
	3 平均值		61.44	28.11	32.56	63.33	35.03	49.53	31.03	45.47	346.5	43.31
	4 平均值		67.05	38.67	32.38	60.74	42.23	45.31	33.05	49.62	369.05	46.13
	5 平均值		66.69	26.69	46.75	69.22	49.75	52.72	30.75	45.81	388.39	48.55
	6 平均值		67.33	22.64	32.67	63.85	34.7	44.24	31.7	39.61	330.61	41.87
	7 平均值		73.26	41.54	39.54	69.98	55.22	58.98	33.24	57.02	426.07	53.52
	8 平均值		80.7	43.26	43.23	70.29	55.42	60.95	41.79	55	449	56.26
	总平均值		70.95	39.19	42.01	67.63	48.72	55.11	37.09	52.89	412.35	51.66

▲ 图 9　整理好的各班级平均成绩

单击按钮"1"，原表格变为如图 10 所示的形式，只显示出全年级学生的各科平均成绩。这就是 WPS 表格中数据的分层显示。

洛浦中学八年级期末考试成绩表

学籍编号	班级	姓名	语文	数学	英语	政治	物理	地理	历史	生物	总分	平均分
	总平均值		70.95	39.19	42.01	67.63	48.72	55.11	37.09	52.89	412.35	51.66

▲ 图 10　全年级各班级的学科平均成绩

已经大功告成。如果想要取消分类汇总的结果，只需再次单击"数据"菜单下的"分类汇总"命令，在弹出的"分类汇总"对话框中单击"全部删除"按钮即可。

数据的分类汇总是一项非常重要的功能，在教研工作中有着重要的意义，例如，在一些家长中流传着这样的观点，数理化是男生的特长，女生学不好数学和物理。这种观念也在无形中成为一些女生逃避理科学习的借口。如果我们想通过对数学、物理考试成绩的分析了解不同性别学生对相关学科知识的掌握情况，就可以通过数据的分类汇总来进行。需要注意的是，在对学生成绩进行排序时，"主要关键字"应设为"性别"，在进行分类汇总时，"分类字段"也应该设为"性别"。

技巧4 妙用 ET 表格制作期末学生成绩统计汇总表格

作者：吴志刚

每次期末考试结束，试卷批完，我都会从教导处接到一个大任务——算分数。

本学期，全校共有在籍学生 1600 名，从一年级到六年级，共 33 个班级。笔者的工作就是要算出所有学生的语文、数学、英语 3 门课程的总分，并计算出班级平均分和年级平均分。批卷教师负责将成绩输入电脑，然后传到我这边。先将所有成绩汇总到下列表中，如图 1 所示。

▲ 图1 数据整合完毕

该表中，包含如下字段：年级、班级、姓名、语文、数学、英语和总分。数据准备好了，工作正式开始。

一、准备工作

数据是有了，可不好看。某些列太小了，数据挤在了一起，看起来不方便。没关系，调整一下即可。要调整列宽，方法有很多。以下方法能够精确地控制列的宽度：

1. 右键单击所需要调整的列（比如 F），在弹出的菜单中选择"列宽(C)..."，如图 2 所示。

2. 输入你所需要的数值后，敲"回车"或

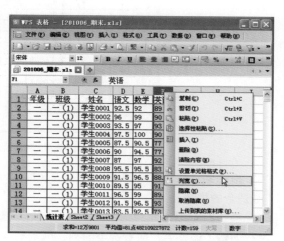

▲ 图2 右键单击 F 列，选择"列宽"菜单项

单击"确定"按钮如图 3 所示。

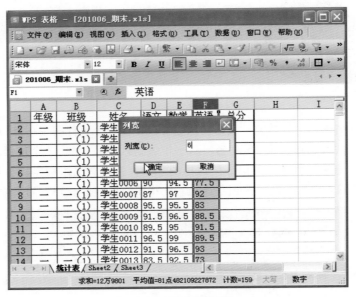

▲ 图 3 输入正确的数值

调整列宽的另一种更快捷的操作，就是用鼠标直接拖曳，移动鼠标光标到两列之间的竖线上，鼠标光标呈双向箭头图案，按住鼠标左键，如图 4 所示。

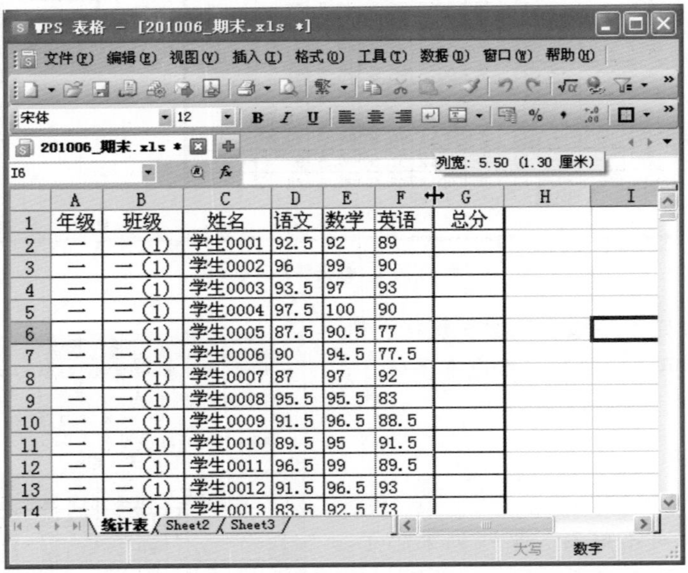

▲ 图 4 鼠标光标移动到两列的中间，按住左键拖动

拖动到适当位置后释放鼠标左键。如果此时没有拖动，而是双击，则会自动将该列设定为"最适合的列宽"。

操作时可以在同时选中多列后，通过调整其中一列的列宽，一次性地对所有选中列的列宽进行调整（调整后，所有选中的列，列宽都相等）。

二、计算总分

单击总分列中第一个要计算的单元格 G3，然后移动鼠标光标，单击公式工具栏的"fx"按钮如图 5 所示。

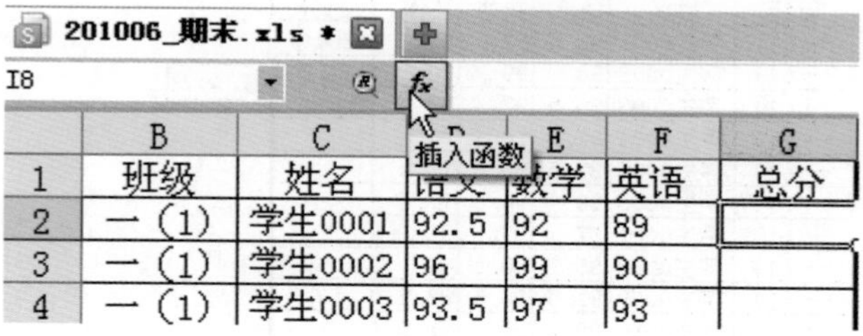

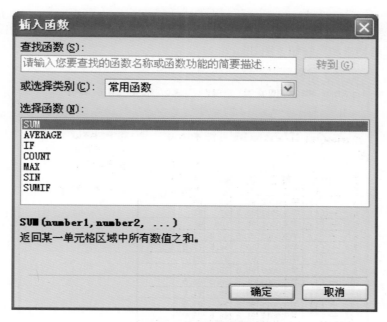

▲ 图 5　插入函数

在打开的对话框中，找到 SUM 函数，如图 6 所示。

▲ 图 6　插入函数对话框

双击或者单击"确定"按钮后，在 G2 单元格中得到如图 7 所显示的样子。

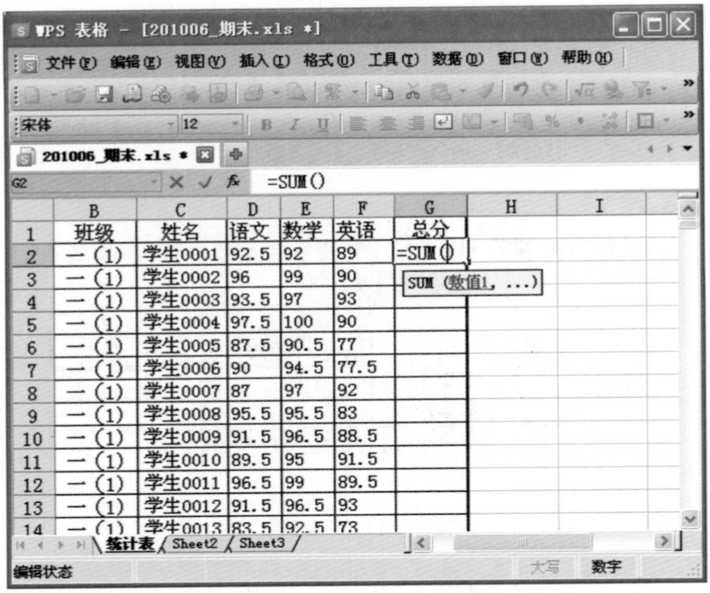

▲ 图7　插入 SUM 函数后

将鼠标光标移动到 D2，按住鼠标左键，移到 F2，释放鼠标左键，单击回车键三门科目的总分即可得出。

对函数比较熟练的朋友，可以直接在单元格 G3 内输入 =SUM(D3:F3) 然后按回车键。或使用菜单栏中的"自动求和"按钮（图8）。

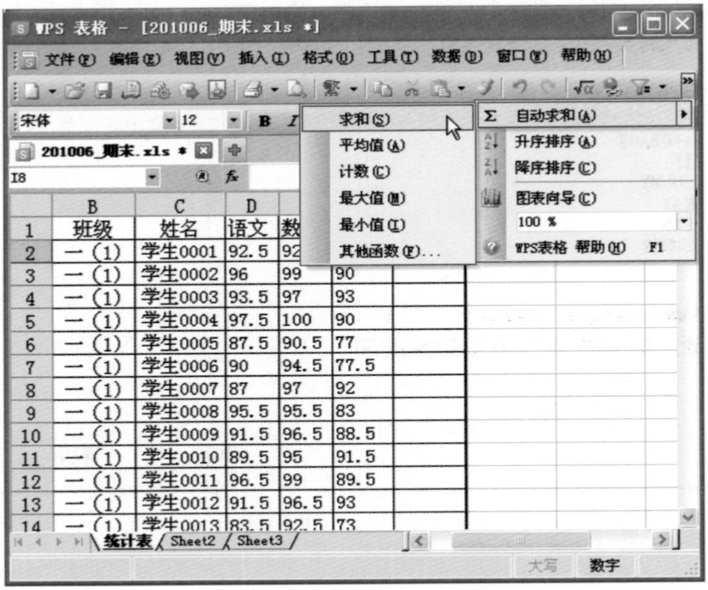

▲ 图8　自动求和按钮

算完一个，就可以利用自动填充的操作来完成其余部分了。将鼠标光标移动到已经计算好的 G3 单元格下方，如图9所示。

	B	C	D	E	F	G	H
1	班级	姓名	语文	数学	英语	总分	
2	一(1)	学生0001	92.5	92	89	273.5	
3	一(1)	学生0002	96	99	90		
4	一(1)	学生0003	93.5	97	93		
5	一(1)	学生0004	97.5	100	90		
6	一(1)	学生0005	87.5	90.5	77		
7	一(1)	学生0006	90	94.5	77.5		
8	一(1)	学生0007	87	97	92		
9	一(1)	学生0008	95.5	95.5	83		
10	一(1)	学生0009	91.5	96.5	88.5		
11	一(1)	学生0010	89.5	95	91.5		

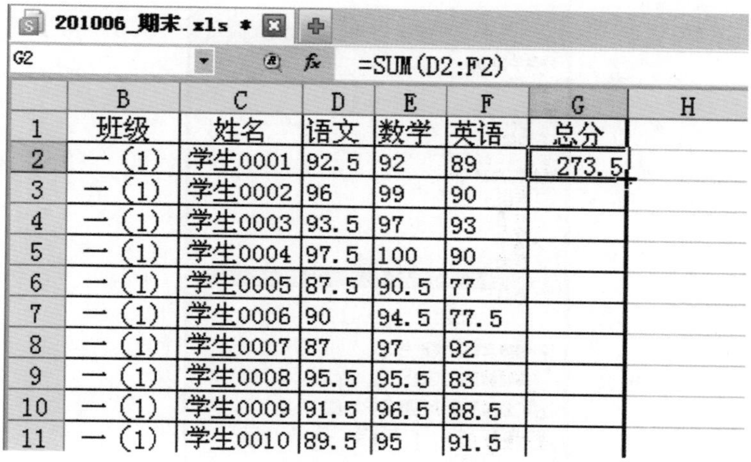

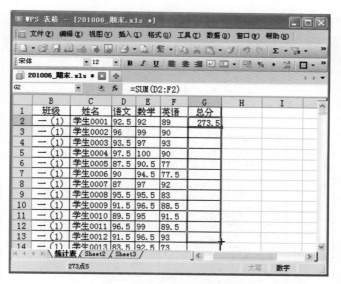

▲ 图9 计算

当单元格右下角出现黑色十字的时候，按住鼠标左键，往下拖曳填充其他单元格即可。如图 10 所示。

	B	C	D	E	F	G	H	I
1	班级	姓名	语文	数学	英语	总分		
2	一(1)	学生0001	92.5	92	89	273.5		
3	一(1)	学生0002	96	99	90			
4	一(1)	学生0003	93.5	97	93			
5	一(1)	学生0004	97.5	100	90			
6	一(1)	学生0005	87.5	90.5	77			
7	一(1)	学生0006	90	94.5	77.5			
8	一(1)	学生0007	87	97	92			
9	一(1)	学生0008	95.5	95.5	83			
10	一(1)	学生0009	91.5	96.5	88.5			
11	一(1)	学生0010	89.5	95	91.5			
12	一(1)	学生0011	96.5	99	89.5			
13	一(1)	学生0012	91.5	96.5	93			
14	一(1)	学生0013	83.5	92.5	73			

▲ 图 10 自动填充

三、计算年级平均分

在总分算出来后，就该计算年级平均分了。

我们再来回顾一下现在的数据。第一行是列名“年级、班级、姓名、语文、数学、英语、总分”。

执行菜单操作 ：“数据” → “分类汇总”，如图 11 所示。

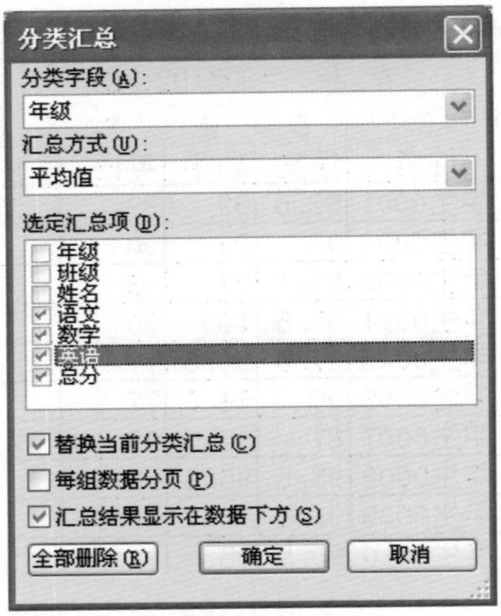

▲ 图11　分类汇总对话框

由于要分别计算每个年级的语文、数学、英语和总分的平均分，所以需要对"年级"字段进行分类，汇总方式是"平均值"，选定汇总项是："语文、数学、英语、总分"，单击"确定"按钮后，得到如下结果，如图12所示。

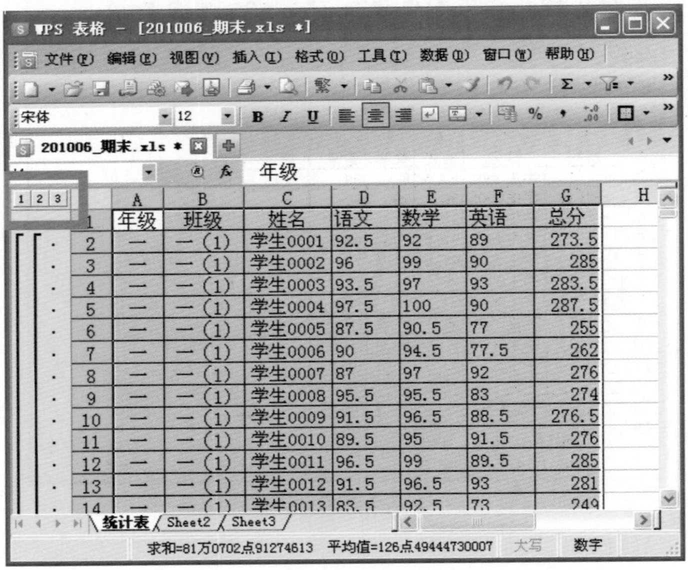

▲ 图12　分类汇总结果

请注意左上角，多了3个按钮：1，2，3。

在单击按钮"1"后，显示总平均值（提示：单击按钮"+"可全部展开），如图13所示。

▲ 图13 全校总平均值

单击按钮"2"后，出来各年级的平均值，如图14所示。

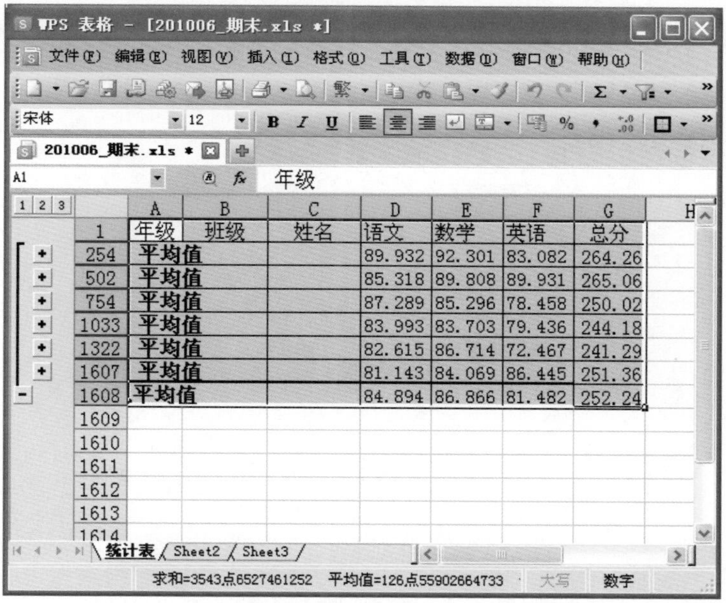

▲ 图14 各年级平均数

完成年级平均分计算之后，再效法此步骤用"分类汇总"计算出每个班级的各科目平均分以及总分平均分。

最后，我们给表格添加一个表头，就大功告成了，如图 15 所示。

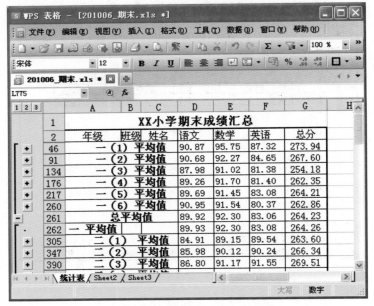

▲ 图 15 最终效果

用 ET 表格打造更直观的学生成绩分析

作者：宋志明

每次考试结束之后，领导都需要了解各班级学生的学习情况，如各班各学科的总分、平均分、及格率、优秀率等。如果我们给校领导送上一份包罗万象很全面的表格固然不错，但总归不是那么直观。如果能打造一份可以方便查询的表格，并且查询的结果还能用图表的形式实时显示，那么效果一定会很好。用 WPS 的表格工具就可以实现这一目的，如图 1 所示。

	A	B	C	D	E	F	G	H	I	J	K	L	M
1						八年级期末考试成绩表							
2	学籍编号	班级	姓名	语文	数学	英语	政治	物理	地理	历史	生物	总分	平均分
3	270220	4	学生220	51	85	65	58	90	58	82	57	546	68.25
4	270247	2	学生247	71	54	71	76	85	68	52	74	551	68.88
5	270232	5	学生232	90	67	70	94	81	51	89	89	631	78.88
6	270218	5	学生218	76	53	75	63	54	89	78	72	560	70.00
7	270234	3	学生234	73	55	47	57	86	45	92	65	520	65.00
8	270199	6	学生199	81	46	47	93	59	68	94	45	533	66.63
9	270239	4	学生239	92	86	59	81	71	55	93	87	624	78.00
10	270237	2	学生237	93	66	89	48	56	52	84	79	567	70.88
11	270054	6	学生54	86	58	62	94	67	72	50	51	540	67.50
12	270233	3	学生233	67	76	94	52	91	79	76	69	604	75.50
13	270227	4	学生227	81	86	56	46	72	55	83	46	525	65.63
14	270242	3	学生242	76	63	90	54	64	86	53	87	573	71.63
15	270187	3	学生187	86	51	82	79	55	52	61	78	544	68.00

▲ 图 1

图 1 所示为某份原始成绩表，包括全年级 8 个班 8 个学科的成绩。这份表格放在"原始数据"工作表中。我们查询目标是能够方便地查询各个班各学科的总分、平均分、及格率、优秀率 4 个项目。为此，有如下工作要做。

第 1 步 基本表格准备

在 Sheet2 工作表标签处右键单击，将其重命名为"班级项目查询"。在该工作表的 A1 单元格录入"查询班级"，在 A2 单元格录入"查询项目"。点击 B1 单元格，再点击菜单命令"数据→有效性"，打开"数据有效性"对话框。在"允许"下拉列表中点击"序列"选项，在下方的"来源"输入框中输入"1,2,3,4,5,6,7,8"，要注意的是，这里的数字和逗号均需在英文半角状态下输入。其他均采用默认设置，如图 2 所示。

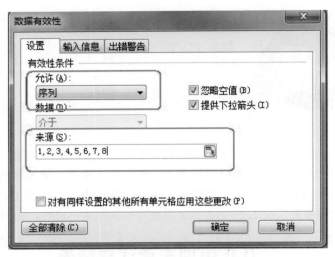

▲ 图2

用同样的方法设置 B2 单元格的数据有效性，只是其来源为"总分、平均分、及格率、优秀率"。经过这样的设置之后，就可以轻松在 B1、B2 两个单元格提供的下拉列表中选择要查询的班级和查询的项目了，如图 3 所示。

	A	B
1	查询班级	3
2	查询项目	平均分
3		总分
4		平均分
5		及格率
		优秀率

▲ 图3

返回到"原始数据"工作表。在 P3:X13 区域建立如图 4 所示的表格。

	O	P	Q	R	S	T	U	V	W	X
1										
2										
3		查询班级	3							
4		科目	语文	数学	英语	政治	物理	地理	历史	生物
5		总分								
6		平均分								
7		及格率								
8		优秀率								
9										
10										
11		查询科目	平均分							
12		科目	语文	数学	英语	政治	物理	地理	历史	生物
13										
14										
15										

▲ 图4

点击 Q3 单元格，录入公式"= 班级项目查询 !B1"。点击 Q4 单元格，录入公式"= 班级项目查询 !B2"。至此，基本的表格准备工作就完成了。

第 2 步 数据准备

首先在"班级项目查询"工作表的 B1 和 B2 单元格中，分别选择好查询的班级和查询项目。然后点击"原始数据"工作表中 Q5 单元格，录入公式"=SUMIF($B:$B,$Q$3,D:D)"，回车后就可以得到所查询班级的语文科总分了。在 Q6 单元格录入公式"=Q5/COUNTIF($B:$B,$Q$3)"，可以得到该班级语文科的平均分。在 Q7 单元格录入公式

=SUMPRODUCT(($B:$B=$Q$3)*(D:D>=60))/COUNTIF($B:$B,$Q$3)。

得到及格率，在 Q8 单元格录入公式：

=SUMPRODUCT(($B:$B=$Q$3)*(D:D>=85))/COUNTIF($B:$B,$Q$3)。

得到优秀率。选中 Q5:Q8 单元格区域，拖动其填充句柄向右至 X 列，这样该班级的所有科目的全部数据就都有了。可以选中全部数据，设置其格式为带两位小数的数字。

至于第二个表格就简单了。点击 Q13 单元格，录入公式：

=VLOOKUP($Q$11,$P$5:$X$8,COLUMN()-15,FALSE)。

然后拖动其填充句柄至 X13 单元格，就可以得到所需要的结果了。同样可以设置其数字格式，如图 5 所示。

Q13				=VLOOKUP($Q$11, $P$5:$X$8, COLUMN()-15, FALSE)					
	O	P	Q	R	S	T	U	V	W	X
3		查询班级	3							
4		科目	语文	数学	英语	政治	物理	地理	历史	生物
5		总分	2536	2385	2344	2457	2250	2460	2415	2448
6		平均分	70.44	66.25	65.11	68.25	62.50	68.33	67.08	68.00
7		及格率	0.75	0.67	0.64	0.69	0.53	0.67	0.69	0.69
8		优秀率	0.08	0.25	0.22	0.08	0.11	0.14	0.19	0.14
9										
10										
11		查询科目	平均分							
12		科目	语文	数学	英语	政治	物理	地理	历史	生物
13			70.44	66.25	65.11	68.25	62.50	68.33	67.08	68.00

▲ 图5

第 3 步 建立图表

数据有了，打造图表就简单了。返回到"班级查询项目"工作表，在某空白单元格录入公式

="期末考试 "&B1&" 班 "&B2&" 图表 "。

点击菜单命令"插入→图表"，打开"图表类型"对话框。选中"簇状柱形图"类型，点击"下一步"按钮，点击"系列"选项卡，在"名称"右侧的输入框中输入"= 原始数据 !$Q$11"，在"值"右侧的输入框中输入"= 原始数据 !$Q$13:$X$13"，在"分类 X 轴标志"右侧的输入框中输入"= 原始数据 !$Q$12:$X$12"，如图 6 所示。

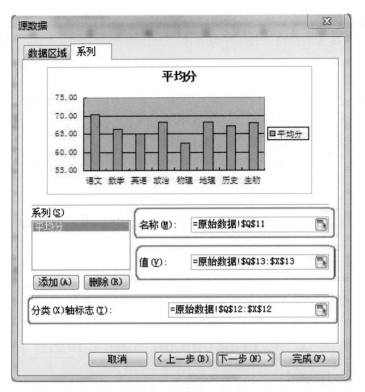

▲ 图6

点击"下一步"按钮，点击"数据标志"选项卡，选中"值"复选项，如图7所示。

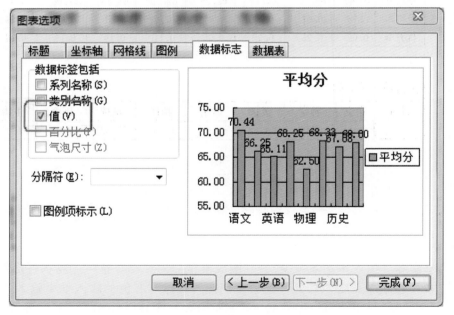

▲ 图7

点击"完成"按钮，将制作好的图表拖到工作表中合适的位置。

现在所得结果如图 8 所示。

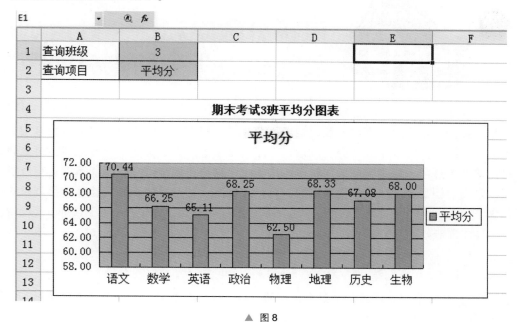

▲ 图 8

我们只需要在 B1、B2 单元格中选择好要查询的班级和查询的项目，那么就会实时地在下方出现相关的数据图表，很直观、方便！各位教师，敬请一试。

技巧6 保护分数隐私——妙用WPS表格解决学生的查分问题

作者：孙少辉

弹指一挥间，期中考试即将开始，望着办公室里进出不断的学生，我不由想起寒假前的一件小事：考试结束，完成了成绩分析以后，不断有学生进入办公室请求查看成绩，对此我是来者不拒，毕竟关注考试成绩说明学生对学习的重视，对自己的成绩有个全面了解，可以更好地安排假期学习。但是，在接待学生查分时，怎样才能既保护学生的隐私又让他们得到足够的信息呢？这个问题也曾经困扰过我们很久，让人欣慰的是，利用WPS Office 2010可以轻松解决这个难题。具体方法如下。

一、输入基本信息并利用函数计算所需数据

（1）运行WPS表格，新建一个空白工作薄，输入学生的姓名、成绩等基本信息后，设置文字及表格的格式，如图1所示。

	A	B	C	D	E	F	G	H	I	J	K	L
1	洛阳市牡丹中学2009—2010学年第一学期期末成绩表（九-1班班主任：洛阳阿笑）											
2	学籍号	姓名	语文	数学	英语	政治	物理	化学	历史	总分	平均分	名次
3	LYMD09001	吴丹婷	93	85	96	84	63	65	87			
4	LYMD09002	林素娜	96	94	80	84	64	46	83			
5	LYMD09003	吴红	86	99	86	79	66	51	80			
6	LYMD09004	李菊红	96	79	93	82	79	51	92			
7	LYMD09005	庆巾珏	90	112	87	83	83	75	88			
8	LYMD09006	杨会娟	89	109	93	71	82	64	81			
9	LYMD09007	任静	90	94	96	68	67	48	88			
10	LYMD09008	于俊	86	112	86	67	87	46	85			
11	LYMD09009	智蕾	89	102	81	70	81	64	92			
12	LYMD09010	秦爱萍	87	111	82	70	78	66	83			
13	LYMD09011	李驰	91	69	93	86	74	51	90			
14	LYMD09012	李敏	87	102	81	76	59	50	85			
15	LYMD09013	刘阳	85	97	72	68	77	63	92			
16	LYMD09014	李雅宁	96	82	82	67	78	41	73			
17	LYMD09015	李卓斐	83	80	80	78	62	50	87			
18	LYMD09016	时茂林	79	110	70	83	86	67	93			
19	LYMD09017	李五杰	82	91	72	67	66	51	81			
20	LYMD09018	牛星星	77	110	88	64	89	73	89			
21	LYMD09019	李亚菲	87	74	96	87	50	34	80			
22	LYMD09020	于爽	95	65	91	79	44	33	69			
23	LYMD09021	苏小娜	89	91	83	79	70	53	77			
24	LYMD09022	李君	88	86	95	84	76	52	81			

▲ 图1

（2）分别在以下单元格输入相关公式（见表1），完成相关数据的计算。

表 1

单元格	公式	说明
J3	=SUM(C3:I3)	计算该生各科总分
K3	=AVERAGE(C3:I3)	计算该生各科平均分
L3	=IF(RANK(K3,K$3:K$62,0)<16,RANK(K3,K$3:K$62,0),"")	得到该生平均分的班级排名，如果属于前 15 名，则显示名次
B64 C64	=B2 =C2	得到行标题
C66	{=AVERAGE(IF(RANK(C$3:C$55,C$3:C$55)<=10,C$3:C$55))}	在该单元格内输入的是数组公式，输入方法是：输入完大括号里面的内容后按下 <Ctrl+Shift+Enter> 组合键即可，该公式用于计算该学科前 10 名的平均成绩
C67	=AVERAGE(C3:C55)	计算该科目平均分

（3）拖动鼠标光标选中 J3：L3 单元格，双击单元格区域右下角的填充柄（就是那个黑色小方块），利用 WPS 表格的快速输入法完成相关数据的计算。

（4）拖动鼠标光标选中 C64：C66 单元格，将鼠标光标移到单元格区域右下角的填充柄上，按着左键向右拖动到 K66 单元格，仍利用 WPS 表格的快速输入法完成相关公式的输入，如图 2 所示。

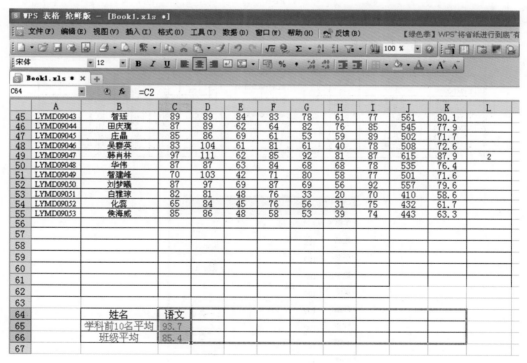

▲ 图 2

（5）在第一名学生信息的上方插入 1 个空行，输入一个虚拟学生的信息，如图 3 所示。

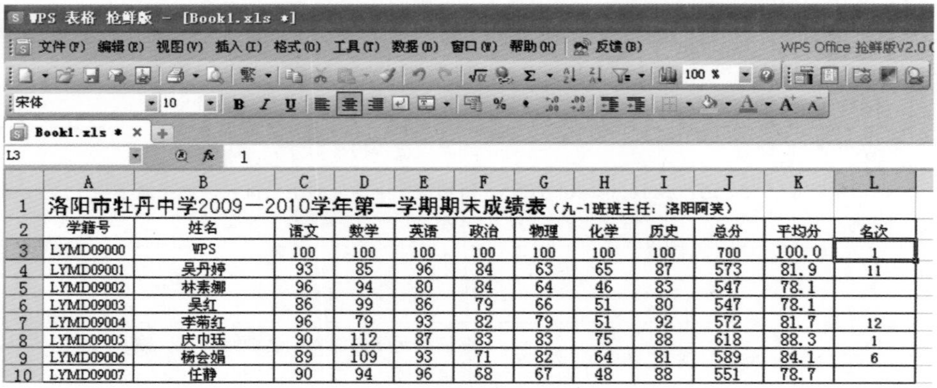

▲ 图3

二、利用记录单实现数据查询

（1）单击 A2 单元格，单击"数据"菜单下的"记录单"命令，如图4所示，在弹出的"Sheet1"对话框里可以看到数据表中第一名学生（虚拟学生）的相关信息，如图5所示。

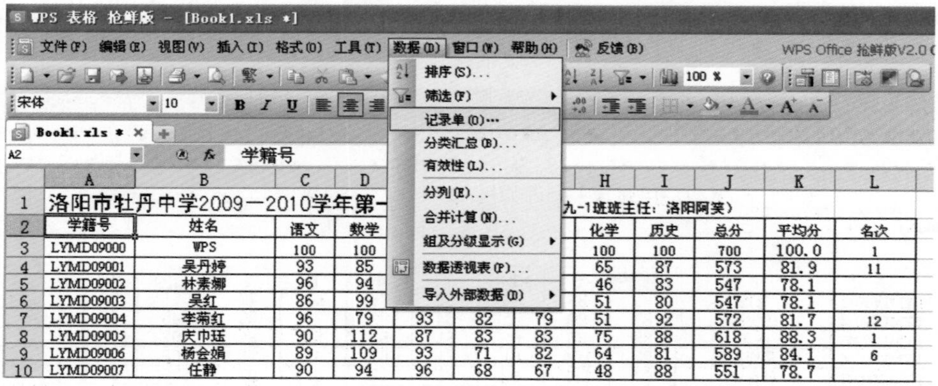

▲ 图4

▲ 图5

（2）单击对话框里右侧的"条件"按钮，在输入对应学生的学籍号或姓名信息后按回车键，即可看到与该生对应的成绩信息，如图6所示。

▲ 图6

（3）为了尊重其他学生的隐私，我们需要将成绩表隐藏：关闭对话框，将鼠标光标移到工作表左侧的行标题上，拖动鼠标光标选中第3行至第63行后，在行标题上单击鼠标右键，在弹出菜单里单击"隐藏"命令，如图7所示，隐藏成绩表。

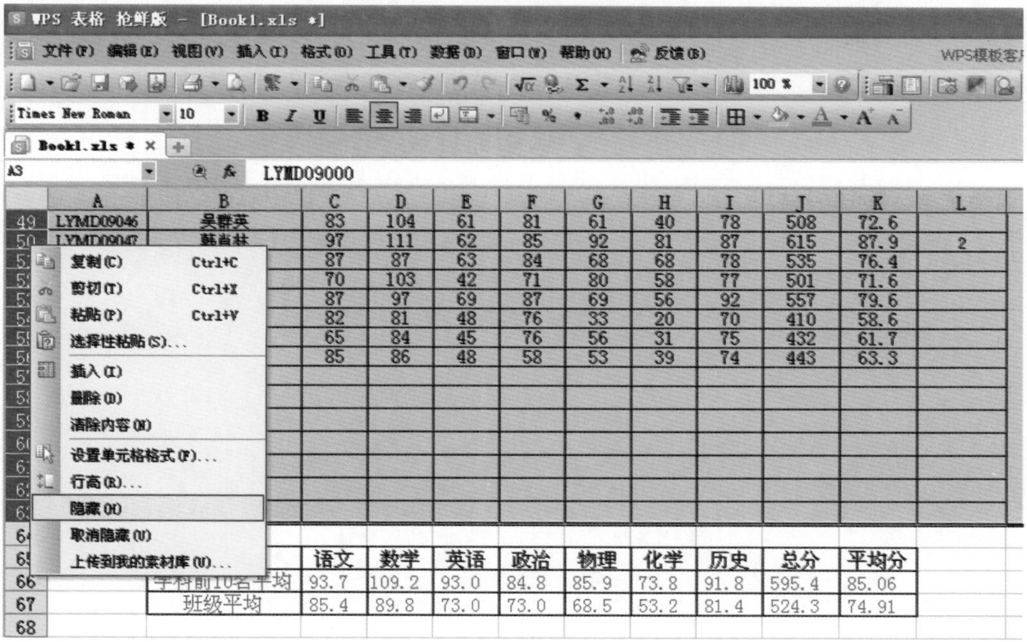

▲ 图7

（4）再次将鼠标光标定位在A2单元格，单击"数据"菜单下的"记录单"命令，在弹出的

"Sheet1"对话框里单击"条件"按钮，重复刚才的操作，即可完成任意学生成绩的查询，如图8所示。

▲ 图8

各位读者，敬请一试。

WPS Office

2

学员管理

每到新学期， 学校招收了大批新生， 这时重点中学往往要在学期开始前先进行摸底考试， 分配考生位置就成了教学管理者的一项重要工作了。 摸底成绩出来后， 接下来就要进行分班操作， 课程表编排， 学生信息录入。 处理这些庞大的数据， 如何进行既高效又准确呢? 相信你阅读本章内容后， 自然会学到不少好的解决方法。

技巧1 用 ET 表格 混合编排学校考场

作者：宋志明

对于类似于期中、期末这样的重要考试，很多学校从一开始就会按照年级把各平行班的学生混合编排考场、座号并统计成绩。操作这些数据给我们带来了困难，比如考场号如何确定？座号如何确定？各学生的名次及在自己班内的名次如何排定？这些工作，通过多次排序和复制粘贴数据，肯定可以完成。但是，面对动辄上千的数据行，显然又太麻烦了。那么，在 WPS 2010 的表格工具中，能不能用相对比较简单的办法来解决问题呢？答案显然是肯定的。

一、考场号的确定

原始的数据表如图 1 所示。

	A	B	C	D	E	F	G	H	I	J	K	L	M
1	考试号	班级	姓名	考场号	座号	语文	数学	英语	理论	实践	总分	混编名次	班内名次
2	07370705800120	5班	张0001										
3	07370706800072	6班	张0002										
4	07370704800112	4班	张0003										
5	07370701800393	1班	张0004										
6	07370703800602	3班	张0005										
7	07370703800616	3班	张0006										
8	07370702800670	2班	张0007										
9	07370706800838	6班	张0008										
10	07370709800812	9班	张0009										
11	07370703800388	3班	张0010										
12	07370708800686	8班	张0011										
13	07370700800527	7班	张0012										
14	07370711800218	11班	张0013										
15	07370712800330	12班	张0014										
16	07370707800551	7班	张0015										

▲ 图 1 原始数据表格

根据表格现在的排序，每 30 名学生安排一个考场。考场号依次为 "1"、"2"……按照这些要求，只需要将鼠标光标定位于 D2 单元格，输入公式 "=ROUNDUP((ROW()-1)/30,0)"，回车后，再选中 D2 单元格，向下拖动其填充句柄至最后一行 D1302 单元格，就可以得到每位学生的考场号了。30 人一个考场，效果如图 2 所示。

	A	B	C	D	E	F	G	H	I	J	K	L	M
1	考试号	班级	姓名	考场号	座号	语文	数学	英语	理论	实践	总分	混编名次	班内名次
2	07370705800120	5班	张0001	1									
31	07370712800270	12班	张0030	1									
32	07370703800560	3班	张0031	2									
61	07370703800600	3班	张0060	2									
62	07370703800472	3班	张0061	3									
91	07370703801678	3班	张0090	3									
92	07370701800182	1班	张0091	4									
121	07370701800162	1班	张0120	4									
122	07370701800034	1班	张0121	5									
123	07370701800008	1班	张0122	5									

▲ 图 2 自动填充每位学生的考场号

ROUNDUP 函数的作用是对数值向上取最接近的整数，由于第一个学生的数据位于工作表的第二行，所以，只需要将数据所在行数减 1 之后再除以 30，把所得的结果用 ROUNDUP 函数向上取整数就可以了。

二、座号的确定

座号其实就是不断地重复从 1 ~ 30 的填充。但这个工作如果用复制、粘贴操作的话也挺麻烦。因此，我们还是用公式来完成。在 E2 单元格输入公式"=COUNTIF(D$2:D2,D2)"，向下拖动填充句柄到 E1302 单元格，就可以得到各考场的座号了，效果如图 3 所示。

▲ 图 3 输入公式，确定座号

公式"=COUNTIF(D$2:D2,D2)"的意思是，统计在 D$2:D2 单元格区域等于 D2 单元格的单元格数量。在 D3 单元格，公式就会变成"=COUNTIF(D$2:D3,D3)"，以下依此类推。由于 D 列的考场号每 30 个单元格号数相同，所以，在 E 列就会得到 1 至 30 的自然序列了。

三、班内名次的排定

如果不考虑班级，用 RANK 函数可以轻松算出每位学生在年纪中的成绩排名。而通常在统计成绩的时候，教师们会按每个班级来计算班内学生成绩的排名，这时可以用 SUMPRODUCT 函数。

将鼠标光标定位于 K2 单元格，输入如下公式：

=SUMPRODUCT(($B$2:$B$1302=B2)*($I$2:$I$1302>I2))+1

完成后仍然拖动其填充句柄至 K1302 单元格，看看是不是已经得到所有学生的班内名次了，如图 4 所示。

▲ 图 4 使用 SUMPRODUCT 公式得出所有学生的班内名次

公式解释：

=SUMPRODUCT(($B$2:$B$1302=B2)*($I$2:$I$1302>I2))+1

我们可以简单地理解为"计算在 B2:B1302 单元格区域等于 B2 的且在 I2:I1302 单元格区域大于 I2 的单元格数量"，很容易明白，I2 如果是本班内的最高分，这个数量就为"0"，所以把它加 1 正好可以作为在班内的名次。

技巧2 利用邮件合并功能批量填写并打印准考证

作者：刘帮平

学生毕业考试的时候都需要准考证，以往制作准考证都是将印制好的准考证填上学生的考号和姓名等信息，这样填写准考证速度慢，也容易出错。其实用已有的学生花名册，完全可以利用电脑快速地制作学生准考证。邮件合并，可以快速地批量打印准考证，如图1所示。

首先，确定每张准考证的尺寸大小为长105 mm，宽74 mm。

插入一个文本框，将大小设置为准考证纸张的大小，将文本框的线条设置为浅色的虚线，以便裁剪准考证时有参考线。随后再插入一个文本框，边框设置为黑色，大小设置为长90 mm，宽60mm，放在前面那个文本框的中间，作为准考证的版心。准考证上的其他文字可以通过文本框插入或者直接在第二个文本框里输入，并设置好相应的格式，这样一张准考证就成型了。最后，在需要输入学生信息的地方加上一个无边框的文本框，以备稍后插入"域"使用。一切都做好以后，我们可以将做好的第一张准考证组合，然后将其放到页面的左上角，并复制出其余的几张，移动到页面适合的位置，如图2所示。

接下来准备数据源，数据源可以用普通的表格做，也可以用电子表格来做，这里以电子表格为例，因为是在一张A4纸上打印8张准考证，所以数据源也要做成8列，如图3所示。

▲ 图1 准考证样式

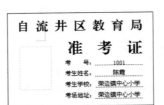

▲ 图2 使用 WPS 制作 8 张准考证备用

▲ 图3　8份数据源表格

接下来，就该把数据源里的数据放到做好的准考证里面了，操作步骤如下。

首先，依次单击菜单"工具"→"邮件合并工具栏"，调出邮件合并工具栏，如图4所示。

▲ 图4　邮件合并工具栏

单击第一个按钮"打开数据源"选择工作表"Sheet1$"，如图5所示。

▲ 图5　选择工作表

然后，把光标定位在需要插入学生信息的地方，单击邮件合并工具栏第三个按钮，插入合并域，选择需要插入的域，如考号1，如图6所示。

▲ 图6　插入相对的域

单击“插入”按钮，如此反复，把所有域插入到文档中，如图 7 所示。

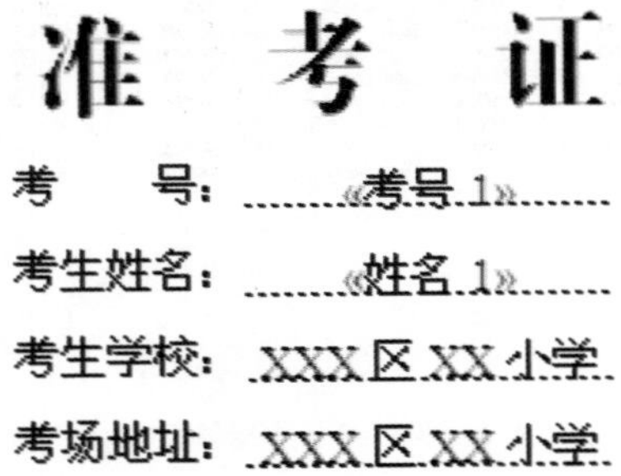

准 考 证
考 号：«考号 1»
考生姓名：«姓名 1»
考生学校：XXX 区 XX 小学
考场地址：XXX 区 XX 小学

▲ 图 7　将数据插如到准考证中

此时，我们看到的是带书名号的考号和姓名，我们单击工具栏第 5 个按钮“查看合并域”就可以看到正确的信息了。

最后，我们单击工具栏倒数第二个按钮“合并到打印机”，这里可以打印全部记录，也可以打印指定页的记录，如图 8 所示。

合并到打印机
合并记录
全部(A)
当前记录(E)
从(F)：
到(T)：
确定
取消

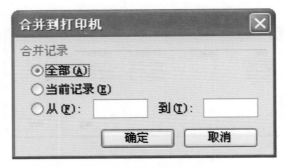

▲ 图 8　将数据合并到打印机

此种打印准考证的方法，重点在于可以在一张页面上设计多张准考证，其关键就在于数据源表格的制作上，这样制作既节约了纸张，同时也提高了速度，打印出来后贴上相片，加盖公章，一张张精美的准考证就做好了。

技巧3　用ET表格做个动态课程表，自动显示课程安排

作者：王建合

　　用ET制作课程表非常方便，而本文介绍的课程表不同于一般的课程表。当你打开该课程表时，如果今天是星期一，则星期一这天的内容，以特殊格式显示（如：黄底红字）；如果今天是星期四，则星期四这天的内容，以特殊方式显示，其他的日子均显示是灰色的。这种动态课程表能够非常醒目的提醒你当日的课程安排，很贴心吧？下面就让我们开始制作这样一个"动态课程表"吧！

第1步 先输入课程表的内容，如图1所示。

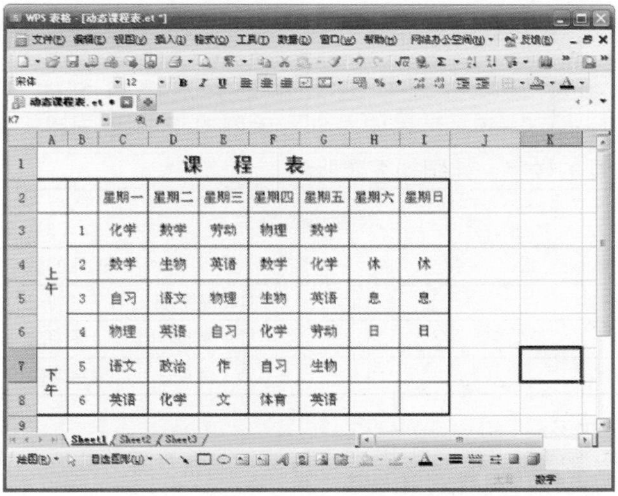

▲ 图1　打开电子表，输入一个课程表

第2步 获取当前日期：在J1单元格中输入公式 =TODAY() 该函数可以返回系统当前日期，如图2所示。

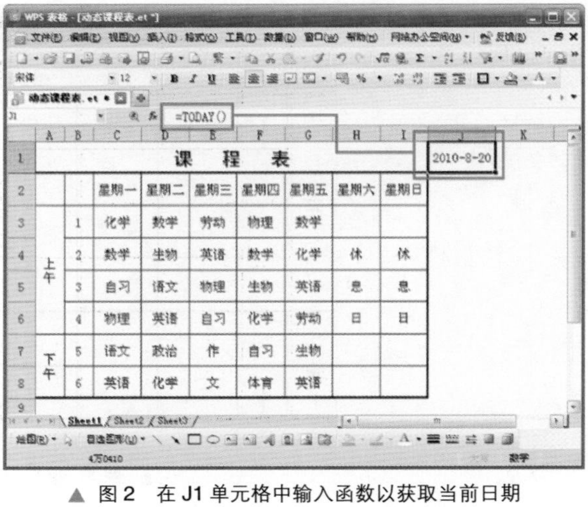

▲ 图2　在J1单元格中输入函数以获取当前日期

第3步 获取当前日期是星期几：在 J2 单元格中输入公式 =WEEKDAY(J1,2)，如图 3 所示。

▲ 图 3 在 J2 单元格输入公式，获取当前日期的星期数

公式说明，该函数返回指定日期为星期几，使用格式是：WEEKDAY(serial_number,return_type)，serial_number 是指定日期，本例引用 J1 单元格，即当前日期。return_type 是确定返回值类型的数字。详细如下表所示。

表返回的数字

return_type	返回的数字
1 或缺省	1（星期日）、2（星期一）......7（星期六）
2	1（星期一）、2（星期二）......7（星期日）
3	0（星期一）、1（星期二）......6（星期日）

第4步 设置显示格式

将所有单元格填充为白色。将 J1、J2 单元格文字颜色设置为白色。将 A1 至 I1 单元格填充为淡蓝色。将 C2 至 I8 单元格文字颜色设置为灰色，如图 4 所示。

课 程 表							
		星期一	星期二	星期三	星期四	星期五	星期六	星期日
上午	1	化学	数学	劳动	物理	数学		
	2	数学	生物	英语	数学	化学	休	休
	3	自习	语文	物理	生物	英语	息	息
	4	物理	英语	自习	化学	劳动	日	日
下午	5	语文	政治	作	自习	生物		
	6	英语	化学	文	体育	英语		

▲ 图 4 设置课程表的显示格式

第5步 设置条件格式

选择C2至C8单元格，选择"格式"→"条件格式"菜单项，打开"条件格式"对话框，如图5所示。从"条件1（1）"下拉列表框中选择"公式"，在其右边的框内输入=$J$2=1（数字1代表星期一，以此类推），单击"格式"按钮。

▲ 图5 条件格式设置对话框

此时打开"单元格格式"对话框，单击"字体"选项卡，如图6所示，设置字体为"宋体"，字型为"加粗"，字号为12，颜色为红色，然后单击"图案"选项卡。

此时打单元格底纹设置对话框，如图7所示，设置单元格底纹颜色为"黄色"。

▲ 图6 设置字体对话框

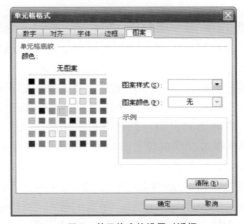

▲ 图7 单元格底纹设置对话框

选择D2至D8单元格，按上述方法对星期二的内容设置条件格式，注意此时条件公式应为=$J$2=2 设置完每一天的条件格式后课程表效果如图8所示。

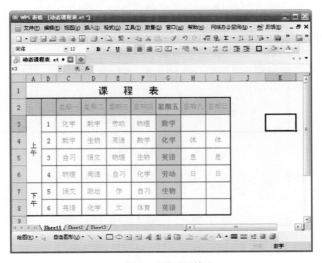

▲ 图8 最终显示效果

这样可以自动显示当天课程的表格，是不是更方便了呢？试试动手做一个吧！

技巧3 用ET表格做个动态课程表，自动显示课程安排

技巧4 使用邮件合并批量套打奖状

作者：刘帮平

学校每学期都会对成绩优异，表现突出的学生颁发各种奖状，奖状数量较多，如果全部用于手工填写会非常麻烦。其实只要使用 WPS 邮件合并功能，就可以方便的批量填写并打印奖状，下面就来看看如果实现这个效果吧！

第1步 我们要制作一份名单，新建一个表格，这里我们只有两列数据，分别是姓名和称号，这个根据你的需要进行设计。然后再输入相应的数据，如图 1 所示。

▲ 图1　用 ET 新建一个数据表格备用

第2步 打开 WPS，根据所用奖状的的尺寸，设置好页面纸张大小，然后，把奖状的图片插入到文档中，把图片的大小设置为和页面大小一致，这样图片就能占满这个页面，并将其设置为衬于文字下方。如果没有条件的话，可以省略这一步，根据目测来摆放文字的位置，打印出来后再调整。

根据奖状的图案，在适当位置插入 3 个文本框，用于放置学生姓名、获得的称号和颁发学校及时间。颁发学校和时间每一张奖状都是一样的，直接在文本框里输入即可，那我们将刚才名单中的姓名和称号怎么才能插入到奖状里呢？单击"视图"→"工具栏"→"邮件合并"菜单，弹出"邮件合并"工具栏，如图 2 所示。

▲ 图2　邮件合并工具源

单击第一个按钮，打开数据源，在弹出的对话框里找到刚才编辑的文件，选择工作表，单击"确定"按钮，如图 3 所示。

▲ 图3　选择表格

把光标定位在学生姓名处，然后单击第三个按钮，选择插入合并域，如图 4 所示。

出现插入域对话框，选中"姓名"，单击"插入"按钮，如图 5 所示。使用同样的方法把称号也插入到文档当中。

▲ 图4　插入合并域

▲ 图5

得到的结果如图6所示。

▲ 图6 合并之后的奖状样式

单击邮件合并工具栏上的第五个按钮，即可显示出名单中相对应的姓名和称号，如图7所示。

▲ 图7 显示名单中相应的姓名和称号

工具栏中的 [I◀ ◀ 1 ▶ ▶I] 按钮，可以在每条信息之间切换。最后单击打印按钮就可将奖状打印出来了。

可选择打印一张或多张奖状，在打印之前记得把文档中的奖状图片删除掉，因为它只是帮助我们实现精确套打，是不需要打印出来的。

最后打印出来的效果如图8所示。

▲ 图8 打印出的奖状效果

 技巧4 使用邮件合并批量套打奖状

ET 表格"数据有效性"在数据录入中的妙用

作者：李振

利用 ET 表格强大的制表功能能够很轻松地完成表格制作，数据的统计分析等任务。但是，在数据录入的过程中难免会输入一些错误的数据。比如重复的学号、身份证号，超出正常范围的无效数据。另外，怎么样快速输入一些有特定范围并且重复输入的数据。这些问题我们都可以利用 WPS 中"数据有效性"这一工具很好地解决。

一、输入前设置"数据有效性"避免错误

案例一：在 WPS 表格中输入数据时，有时会要求某列或者某个区域的单元格数据具有惟一性，比如学生的学号，员工的 ID，身份证号等。在输入时有时会出错导致数据重复出现，而且这种错误又很难检查。就可以利用"数据有效性"来解决这一问题。

▲ 图 1 打开待解决的工作表

1. 打开一个工作簿，如图 1 所示。

2. 选中"学号"一列，单击"数据"菜单，选择"有效性"，如图 2 所示。

▲ 图 2 选择数据有效性菜单栏

3. 打开"数据有效性"对话框，在"设置"选项下，单击"允许"右侧的下拉按钮，在弹出的下拉菜单中，选择"自定义"选项，然后在下面"公式"文本框中输入公式"=COUNTIF(a:a,a1)=1"，不包括引号，如图 3 所示。

4. 切换到"出错警告"项，填写标题和错误信息，单击"确定"按钮，如图4所示。

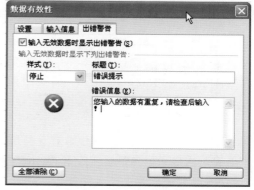

▲ 图3 输入提醒数据重复的公式   ▲ 图4 输入错误提示信息

5. 下面我们开始输入一些数据检验一下效果——当输入不重复的数据时，可以正常显示如图5所示。

当输入重复数据时，弹出错误警告对话框，要求用户检查后输入正确数据，如图6所示。

▲ 图5 输入数据进行检验   ▲ 图6 当输入重复数据时，弹出错误提示

案例二：我们在使用WPS表格处理数据时，很多情况下输入的数据有一定的范围，比如输入学生的各科成绩时，一般是百分制，分数的范围是0～100的小数。超过范围的就是无效数据，我们可以输入数据之前设置数据的有效范围避免出现错误。

1. 选中要设置数据有效性单元格范围"C2：E8"，如图7所示。

2. 单击"数据"菜单，选择"有效性"，在设置选项卡下，设置允许的条件是"小数"，范围是介于最小值0和最大值100之间，如图8所示。

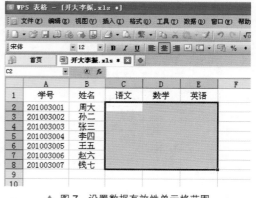

▲ 图7 设置数据有效性单元格范围

3. 单击"输入信息"选项卡，填写标题和输入信息。这样，用户在输入数据时可以提醒用户有效的范围，如图 9 所示。

▲ 图 8　输入最大值和最小值的范围　　　　　▲ 图 9　输入提醒信息

4. 单击"出错警告"选项卡，填写标题和错误信息，单击"确定"按钮，如图 10 所示。

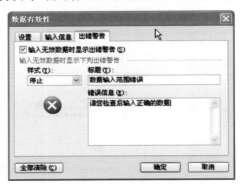

▲ 图 10　填写出错警告信息

5. 检验一下设置的效果，输入数据之前有相关的提示，如图 11 所示。

6. 输入正确范围的数据可以顺利地继续进行操作，如果输入超出范围的数据时，弹出错误警告对话框，要求用户检查后输入正确数据，如图 12 所示。

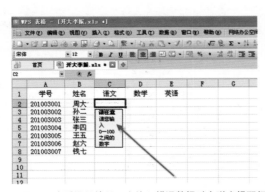

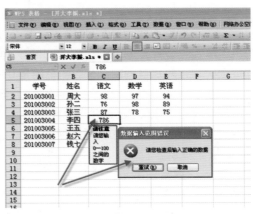

▲ 图 11　查看设置效果，当输入错误数据时会弹出提醒框　　　▲ 图 12　检验弹出错误警告框

二、利用"数据有效性"快速输入数据

在刚才的表格中插入"性别"和"院系"两列，分别叙述设置的两种不同的方法。在性别一列只需要输入"男"或"女"两种结果，利用"数据有效性"可以快速准确的输入。

首先，选中"性别"这一列，单击"数据"菜单，选择"有效性"，在设置选项卡下，设置允许的条件是"序列"，"来源"中输入男、女，注意用英文状态下的逗号分隔，如图 13 所示。

然后来看一下效果。单击"性别"这列

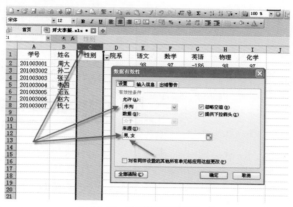

▲ 图 13 设置数据有效性条件

下的单元格时，在单元格的右侧就会出现一个下拉箭头，单击箭头就会看到"男"、"女"两个选项，选择其中一个就可以将数据快速准确地输入到单元格中，如图 14 所示。

现在来换种方法设置"院系"一列的有效性。

首先在整个表格的右侧的某列中，（比如 L 列）输入要输入的院系名称，如图 15 所示。

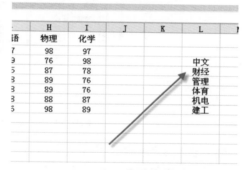

▲ 图 14 设定条件之后，输入时更方便　　　　▲ 图 15 在 L 列输入院系名称

1.选中"院系"列，单击"数据"菜单，选择"有效性"，在设置选项卡下，设置允许的条件是"序列"，"来源"中单击最右侧的按钮，如图 16 所示。

▲ 图 16 单击来源选择条件区域

选中刚才输入院系名称的单元格，如图 17 所示，单击"确定"按钮。

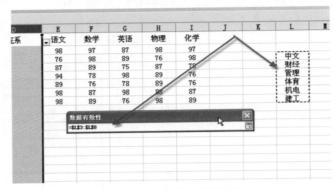

▲ 图 17　选择数据有效性区域

现在我们来看一下效果，当我们单击"院系"这列下的单元格时，在单元格的右侧就会出现一个下拉箭头，单击箭头就会看到所设置的所有院系名称，选择其中一个就可以将数据快速准确地输入到单元格中，如图 18 所示。

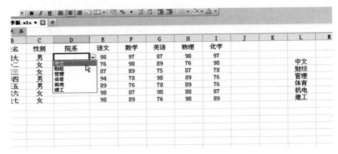

▲ 图 18　输入院系时选择下拉框里的备选信息

2. 如果要修改其中某个院系的名称时，只需要修改 L 列中数据即可。为了避免无意中错误地修改、删除 L 里的院系名称，可以将 L 列隐藏起来，如图 19 所示。

▲ 图 19　隐藏 L 列，避免误删

使用 WPS 文字制作《学生信息表》

作者：金鸿浩

在教学管理中，为便于管理学生信息会制作各种表格，如《学生信息表》、《学期成绩表》《志愿拟报表》等。笔者利用 WPS 文字所带的强大表格功能，以《学生信息表》的制作为例，为大家演示信息表制作的流程。

第1步 设定所需项

建立一个表格首先应该想清楚需要填写哪些项目，在设想阶段应该尽量想全，以减少后期修改的工作难度。在所需项设想完毕后，可以适当地为其归类，以使信息条理化。

如表 1 就是笔者设想的《学生信息表》所需要填写的内容。笔者建议，在信息表建立之前，可以简单地建立这样一个表格，起到辅助思考和指导制作的作用。

表 1 《学生信息表》所需项表

基本信息	姓名 民族 性别 学号 出生日期 成分 住址 所属班级 联系方式 照片
家庭信息	父母 姓名 工作单位 职位 联系方式
个人简介	特长 职务 能力 奖励
分数信息	分数表

第2步 构建表格

根据所需项，考虑最终表格的版式，估算出所需的列数与行数。

如基本信息拟每一列两项内容，家庭住址较长，单为一行，照片后期修改时再腾出位置。基本信息共需要 5 行 4 列。家庭信息拟把所需项名称列在第一行，需 4 行 5 列。个人能力需 4 行 2 列，分数信息可以整体为一行。

根据需要可以整体创建，然后逐步修改。也可以分别创建分别修改，然后再组合到一起。为了便于大家学习，本文以分别创建修改的方法为大家演示。

以"基本信息"为例，单击菜单栏的表格菜单，选择绘制表格选项，光标变成铅笔状，按照 5 行 4 列的构想绘制 5×4 的表格即可，笔者建议，在绘制表格的时候最好要为后期的修改留好空间，可以适当多加 1～2 行和 1～2 列。如表 2 所示，绘制 6×5 的表格。

表 2 绘制的 6×5 表格

得到表格的方式还有很多，如可以在表格工具栏中选择插入表格，也十分快捷方便。

第3步 修改表格

修改表格首先需要对表格的板式进行调整，也就是使用合并、拆分删除单元格选项，选中所要更改的表格，单击右键即可选择相应的更改。

1. 如基本信息表首先需要做如下的合并、拆分等大的更改。

（1）为标明"基本信息"，合并第一行。

（2）合并除第一行外的最后一列，以用来粘贴照片。

（3）将最后一行调整为两列，用来填写地址。

2. 调整行高与列宽，以便于填写 。

将光标放于表格的边框变为一个有左右箭头的样式后，根据所需宽度上下左右拉动表格边框，调整大小，得到表 3。

表 3　修改后的表格

3. 填写所需项信息，并根据所需适当调整，如表 4 所示。

表 4　调整后的表格

基本信息				
姓名		学号		
性别		民族		
成分		出生日期		照片
班级		联系方式		
家庭住址				

4. 利用字体选项和其他选项调整细节。

一般会把所需信息居中，照片两字可以选择插入竖向文本框，也可以选择输入"照片"两字后，利用回车键进行调整，如表 5 所示。

表 5　调整后的表格效果

基本信息				
姓名		学号		
性别		民族		
成分		出生日期		照片
班级		联系方式		
家庭住址				

5. 利用表格样式美化表格。

打开格式菜单栏中表格样式选项，出现如图 1 所示的表格选项。

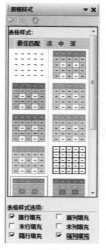

▲ 图 1

考虑到将所需项通过颜色加以注明，在表格样式选项的隔列填充复选框前打勾，选择自己喜欢的一种样式即可，如表 6 所示。

表 6 通过颜色区别表格栏目

基本信息				
姓名		学号		
性别		民族		
成分		出生日期		照片
班级		联系方式		
家庭住址				

如果有特殊要求，也可以通过每次选择一部分，选择表格样式来达到配色多样化的目的，如表 7 所示。

表 7 使用不同配色设置

基本信息				
姓名		学号		
性别		民族		
成分		出生日期		照片
班级		联系方式		
家庭住址				

第 4 步 完成其他表格

如上所述，分别建立家庭信息表（表 8）和个人简介表（表 9）和分数信息表（表 10）。

表 8 家庭信息表

家庭信息				
关系	姓名	工作单位	职称	联系方式

表 9　个人简介表

个人简介	
特长	
职务	
能力	
获奖情况	

表 10　分数信息表

分数信息

第 5 步▶ 合并表格

　　当表格的各个部分均已做好后，即可开始表格的合并，表格的合并需要注意整体版式的协调。建议有经验的用户可以直接创建整个表格，以避免合并表格时的繁琐工作，合并好的表格如表 11 所示。

表 11　学生信息表

基本信息				
姓名		学号		照片
性别		民族		
成分		出生日期		
班级		联系方式		
家庭住址				

家庭信息				
关系	姓名	工作单位	职称	联系方式

个人简介	
特长	
职务	
能力	
获奖情况	

分数信息

3

文档编辑和美化

在教学工作中，助理教师或行政管理者要做一些琐碎而必要的工作，如会议管理、班级日志管理、各种班级活动的举办以及跟踪监控等，使用 WPS Office 可以轻松帮您完成这些工作，实现真正的教员工作自动化。

技巧 **1** 用 WPS 文字轻松排版，制作试卷和报纸

作者：侯和林

一、报纸编辑技巧

与普通文档相比，报纸的排版非常个性化，可谓丰富多彩。不仅有标题、正文，更要图文并茂，有许多的图片穿插在文字中，即使是文字，也不像公文中那么"正规"，可以横排、纵排，而标题更是花样繁多……下面先来看看一般新闻报纸的样式吧，如图 1 所示。

▲ 图 1 《中国青年报》样张

1. 图文排版。

图中报头"中国青年报"几个大字是毛笔字，无法用输入法实现，排版时需要先准备报头图片，然后在 WPS 插入即可，报纸中的图片同理。在 WPS 文字中，记得要把图片的环绕方式设定为"四周型"或"浮于文字上方"，这样再结合文本框，就可以方便的实现图文混排了！除了报头，报纸中的新闻图片也是通过插入图片的办法插到版面的任意位置的。至于版面中直线、方框等简单图形，则可以用"绘图"工具栏中的图形工具轻松完成。但如果要插入比较复杂的图形或者线条，"绘图"工具无法完成时，也可以在 Photoshop 等图像处理软件中做好后直接以图形方式插入版面。

2. 文本框的链接。

为了版面的美观和排版的灵活，这里笔者会使用文本框链接的功能来实现。将多个文本框链接在一起，将会极大的方便校对过程，修改其中一个文本框的文字，其他链接它的文本框都将关联更改结果，这样排版工作将会更灵活更高效。当我们选中某一文本框时，WPS 文字会自动弹出一个"文本框"工具条如图 2 所示。

▲ 图 2 文本框工具

文本框工具条的 5 个功能按钮，从左至右依次是"创建一个文本框链接"、"断开向前链接"、"前一文本框"、"后一文本框"和"更改文字方向"。

现在来讲解如何使用文本框链接来实现分栏效果。以头版头条消息《认真履行职责 不负人民重托》为例，消息的标题用一个普通的文本框来实现，设置好字体字号，关键是消息正文的处理。

第 1 步 插入一个文本框，调整大小后，约占该消息正文版面的 1/4 宽，并设置好其他属性，这里的关键是文本框的"线条颜色"，设置为"无线条颜色"，"内部间距"设置为"0"。

第 2 步 把第一步做好的文本框复制粘贴 3 份，使 4 个文本框一字排开，为了整齐起见，可以同时选中这 4 个文本框，在"绘图"工具栏中依次选择"绘图→对齐或分布→底端对齐"，然后再执行一次"绘图→对齐或分布→横向分布"，如图 3 所示。这样设置后，4 个文本框就整整齐齐排好了。

第 3 步 选中第 1 个文本框，然后在"文本框"工具条上单击一下"创建一个文本框链接"，此时会发现鼠标光标变成了一个口缸的形状，把鼠标光标移到第 2 个文本框

▲ 图 3 对齐与分布

上，该口缸变成倾斜的，像是正在往第 2 个文本框中倒什么东西，此时在第 2 个文本框上单击鼠标左键，即完成了第 1、2 个文本框的链接，再用同样的办法将后面的文本框链接到前一个文本框。

第 4 步 在第 1 个文本框中输入文字，当第 1 个文本框满了的时候，后面的文字会自动进入第 2 个文本框，依此类推，直到第 4 个文本框。

3.纵向文本。

除了横排的文字，在报纸上还会用到纵向排版的文本。在"绘图"工具条上，有两个"插入文本框"的按钮，前一个是"文本框"，后一个是"竖排文本框"，也就是横向和纵向的了。其实，即使开始插入的是横向文本框，要改成纵向的也很容易。"文本框"工具条的最后一个按钮就是"更改文字方向"，如果原来的文本框中的文字是横向的，按一下就会变成纵向的；反之，如果原来是纵向的，按一下就会变成横向的。

纵向排列文字时，注意按造正确的书写习惯，文字方向应当是由右至左，如图4所示。另外还要注意标点符号的也要随之正确转换，如图5所示。

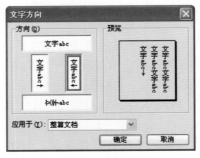

▲ 图4　文字方向面板

▲ 图5　纵向排版文字

二、试卷编辑技巧

试卷是教师朋友们接触最多的东西了。下面以制作一张8开纸，4个版面，双面打印的试卷为例，来讲解使用WPS制作试卷的一些技巧。

1.页面设置及分栏。

打开菜单"页面设置"，在"页边距"下设置纸张方向为"横向"，然后在"纸张"下设置纸张大小为"8开"，接着在"分栏"预设值为"两栏"即可。

注意要为密封线留出足够的空间进入"页面设置"对话框，在"预览→应用于"下选择"整篇文档"，在"页边距"选项卡中，将"装订线位置"设置为"左"，将"装订线宽"设置为一个适应的数字（如10），然后切换到"版式"选项，在"页眉和页脚"选项中勾选"奇偶页不同"，如图6所示，并单击"确定"按钮。

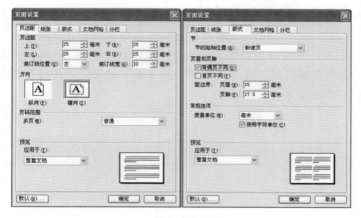

▲ 图6 页面设置

这时，我们会发现，试卷正面左边距较大，右边距较大，刚好让我们来安排试卷头和密封线。

2.试卷头和密封线。

制作试卷首先要做的是制作密封线。密封线一般在试卷的左侧，在密封线外侧是学校、班级、姓名、考号等信息。而内侧，就是试卷的题目了。

密封线的制作非常简单，只要插入一个文本框，并在其中输入学校、班级、考号、姓名等考生信息，留出足够的空格，并为空格加上下划线，试卷头就算完成了，然后另起一行，输入适量的省略号，并在省略号之间键入"密封线"等字样，最后将文本框的边线设置为"无线条颜色"即可，如图7所示。

▲ 图7 密封线

试卷头做好了，但它是"横"着的，怎样才能把它"竖"起来呢？用右击该文本框，选择"设置对象格式"，在"文本框"选项卡中勾选上"允许文字随对象旋转"，单击"确定"按钮退出，如图8在弹出的菜单中。

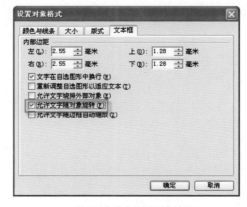

▲ 图8 允许文字随对象旋转

　　这时，我们再次选中文本框，把光标放到文本框正上方的绿色调整点上，会发现光标变成一个旋转的形状，如图 9 所示，此时调整鼠标光标位置即可旋转这个文本框，按下 SHIFT 键可以较好地定位到左旋 90° 的位置（也即旋转 270°，如图 10 所示），放开鼠标左键，并单击文本框之外的位置，这个文本框就与其中的文字一起"竖"起来了。用鼠标把它拖动到页面的左侧，即完成了试卷头的制作。

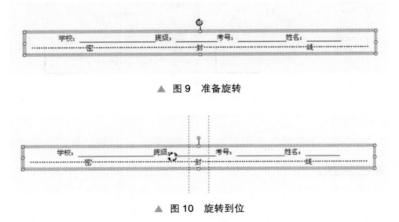

▲ 图 9　准备旋转

▲ 图 10　旋转到位

　　这样，我们就完成了制作试卷最基本的两个步骤，页面设置以及密封线制作。接下来输入试题，就可以成功的制作一份试卷了。

技巧2 本科毕业论文排版技巧

作者：刘琨

每年指导本科毕业生论文时，除了论文内容，论文的格式也需要指导学生反复修改。尽管面对的是计算机专业的学生，而且已经大学四年级了，但是，对于文字处理软件的排版技巧很多人仍然不能娴熟的掌握。

已经有了论文内容，使用 WPS 可以方便地实现本科毕业论文排版。当然，也可以选择边写作边排版。下面我们来看看主要步骤。

一、设置章节标题

一般的毕业论文结构由中、英文摘要、目录、正文 3 大部分构成。正文根据论述内容分几大章。首先用"空文档模板"的"标题一"、"标题二"和"标题三"样式设置正文不同层次的标题，如图 1 所示。

▲ 图1 章节标题的设置

如果需要第 4、5 等层次的样式，即"标题 4"、"标题 5"，无需自己新建样式，可在后面"多级编号"设置中获得。

二、设置多级编号

选择"格式 - 项目符号和编号 - 多级编号"，如果希望不同层次编号对齐排列，则选择如图 2 所示的形式，单击"自定义"按钮，进一步设置。

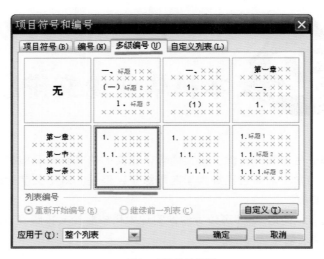

▲ 图2　多级编号选项

在自定义多级编号列表对话框中，将不同级别和对应的样式建立链接，如级别1标题使用"标题一"样式。此外，还可以对编号的格式、位置等进行设置。

▲ 图3　自定义多级编号列表

特别注意，如果文章需要使用"标题4"样式，而原来默认样式列表中没有"标题4"样式，则在图3中，将级别4编号对应"标题4"样式。这样，在正文的样式列表中就会出现"标题4"样式。"标题5"等样式也可以同样的方式获得。

然后对正文中第4层次的标题用"标题4"样式设置，如图4所示。

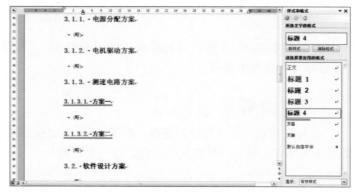

▲ 图4　"标题4"样式的使用

三、分节符——新的一章从新的一页开始

分节符不但可以使新的一章从新的一页开始，而且可以为每一节单独设置页眉、页脚。

将光标移到每章标题最前面，选择"插入 - 分隔符 - 下一页分节符"，插入分节符，如图 5 所示。

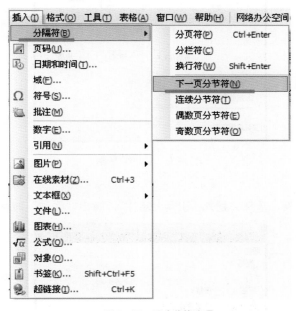

▲ 图 5 下一页分节符选项

四、设置页眉、页脚

1. 将每章页眉设置为本章标题。

由于上一步已经把每一章设置为一节，如果希望每一节所对应的每一章页眉不同，则应将页眉、页脚工具栏的"同前节"按钮取消，如图 6 所示。

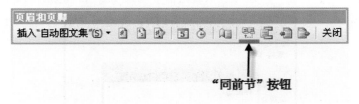

▲ 图 6 取消"同前节"按钮

2. 在每章的页眉输入本章标题。

在每章的页脚插入页码，为了正文第一页页码从"1"开始递增，先选择页眉、页脚工具栏的"设置页码格式"按钮，对页码格式进行设置。将光标移到正文第一章第一页页脚，在"页码"对话框中，单击"高级"项，页码编排选择"起始页码"从"1"开始，如图 7 所示。

▲ 图 7　页码编排设置

3. 给图表编号。

选定将要编号的图表，选择"插入 - 引用 - 题注"，弹出"题注"对话框，如图 8 所示。

▲ 图 8　"题注"对话框

选择"新建标签"项，在"新建标签"对话框中输入"图"，如图 9 所示。

▲ 图 9　新建标签

4. 单击"确定"按钮，如图 10 所示，位置选择"所选项目下方"，单击"确定"按钮。

▲ 图 10 "图"标签

5.在"图 1"编号后输入题注文字，选择工具栏中"居中对齐"按钮，使题注居中。

6.其他图表编号操作类似。

7.给参考文献编号。

撰写论文，一般在论文最后列出参考文献，并编号。

（1）将光标移到第一条参考文献最前面，选择"格式 - 项目符号和编号 - 编号"，选择一款合适的编号类型，单击"确定"按钮，如图 11 所示。

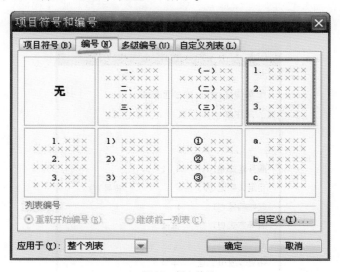

▲ 图 11 插入编号

（2）如果编号类型不符合要求，单击"自定义"按钮，弹出"自定义编号列表"对话框，如图 12 所示，进一步设置。

（3）为了把编号放在方括号内，在"自定义编号列表"对话框"编号格式"中，编号左右输入方括号，单击"确定"按钮。

（4）其他参考文献制作编号方法类似。

▲ 图 12 自定义编号

8. 脚注和交叉引用。

（1）脚注。

如果需要对一段文字进行解释说明，可以在页面最下方插入脚注。

将光标移到要想插入脚注的文字尾部，选择"插入 - 引用 - 脚注和尾注"，弹出"脚注和尾注"对话框，如图 13 所示。

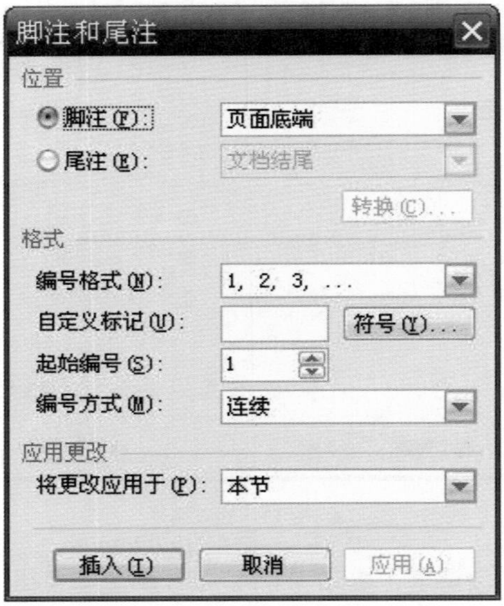

▲ 图 13 "脚注和尾注"对话框

在"脚注和尾注"对话框中，"位置"选择"脚注"、"页面底端"，单击"确定"按钮。

在页面底端，对脚注编号后输入解释说明文字。

（2）交叉引用。

论文中引用的图表编号和参考文献编号，常常用交叉引用输入编号。这样做的好处是：当图表或者参考文献增、删导致编号变化时，引用处的编号可以通过"更新域"自动更换，无需人工一项项查找更改。

做交叉引用的前提是，已经为图表或者参考文献编好了号码。

下面以参考文献交叉引用为例，说明如何使用交叉引用。

光标移到引用了编号 [1] 参考文献正文后，选择"插入 - 引用 - 交叉引用"，弹出"交叉引用"对话框，如图 14 所示。

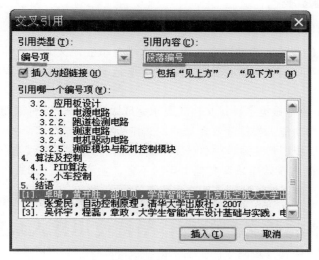

▲ 图 14 "交叉引用"对话框

在"交叉引用"对话框中，"引用类型"选择"编号项"，"引用哪一个编号项"列表中找到并选定参考文献所对应的编号 [1] 参考文献，"引用内容"选择"段落编号"，单击"确定"按钮，这时，正文中插入了参考文献 [1] 所对应的编号。

其他参考文献的引用方法类似。

如果对图表编号进行引用，在"交叉引用"对话框中，"引用类型"选择图表对应的标签，如"图"或者"表格"等。

9. 制作目录。

WPS 可以根据排版好的正文，自动插入目录，非常方便。

（1）光标移到将插入目录的地方，选择"插入 - 引用 - 目录"，弹出"目录"对话框，如图 15 所示。

▲ 图 15 "目录"对话框

（2）在"目录"对话框中，"显示级别"默认 3，也可以根据论文的层次修改数字，单击"确定"按钮，自动插入非常漂亮的目录。

10. 总结。

从以上操作可以看出，WPS 用来做毕业论文排版非常方便，把做好排版的论文格式保存成模板，发给学生，替换相关文字，就可以不费吹灰之力，做出排版漂亮的论文。

技巧 3 WPS 文字 论文排版经验技巧谈

作者：王欣欣

无论是编写自己的职称、学术论文，还是修改学生毕业论文，格式都是至关重要的。整齐大方的版面和严谨规范的行文格式都会让您的论文增色不少，这也是给审阅者留下良好印象的必要条件。

使用 WPS 可以出色地根据各种论文格式要求完成版式排布，这也需要熟悉这款优秀的文字处理软件的各种不同的功能。根据笔者多年的论文排版经验，结合实际操作中遇到的各种问题，本文将各种元素的使用技巧和注意事项总结为下面几点，希望对各位读者朋有所启示。

论文编辑涉及的概念在普通单章文档中用的不多，主要是节、样式、目录等。这里不对其基本概念作过多解释，请不熟悉的读者朋友自行查阅相关内容。

一、分章节的长文档处理，坚持使用样式来操作

论文是对格式要求比较严格的文体，为了做到格式严谨，不仅仅要在每个细节上落实要求，还要做到通篇统一，尤其是某些自然科学类的文章更是如此。应该如何保证页面内相同元素都是同一种格式呢，这就要使用样式来完成。

样式是具有一种或者几种字体段落等格式属性的集合体，还包含有体现文章层次结构的大纲级别。

从一个例子来说明如何使用样式。图 1 是论文编写常见的一份格式要求。

（五号空二行）
··· XXX 专业 XX 班 XXX① ····指导教师 XXX[四号楷体，居中]

（五号空一行）
1·引言[非必要项目，正文一级标题：小四号宋体，加粗，居中]

（五号空一行）
1.1 研究背景[正文二级标题：空两格起打，五号宋体，加粗]
1.1.1 国内研究现状[正文三级标题：空两格起打，五号宋体，加粗]
正文内容·····[五号宋体]

▲ 图 1 典型的论文格式要求

WPS 内置了预先设置好的各种样式，使用样式来对文章进行格式化。首先，要按照要求将相应的样式进行修改。论文引言部分是"一级标题"（文章层次的最高级），还有字体、字号的要求。打开 WPS 样式："格式"-"样式与格式"，选择"标题 1"右侧的下拉箭头中的"修改"，在弹出的"格式与样式"的窗口中，将"标题 1"的格式修改为需要的格式。"标题 1"为 WPS 中内置的样式，它本身包含的大纲级别是一级。根据读者文章的不同设置，可能预置样式的格式会有区别，设置好的样式一般在本文档内有效，如图 2 所示。

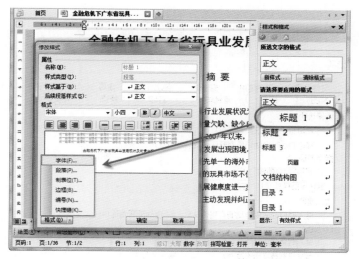

▲ 图2　修改 WPS 文字内置样式

　　修改好的样式会在窗口预先呈现出它的样子，接下来就是如何将其应用于文章内的标题了。很多读者都是预先选中，完后再单击相应的样式，其实默认的样式多数都是针对段落的，只要将光标置于段落内，直接选择相应的样式即可。可以发现，预先设置的字体、字号等文字属性还有段间距、缩进等段落属性也一次性应用了，这就是样式快捷之处，如图3所示。

▲ 图3　将修改后的样式应用于段落

　　明白了样式设置的原理，下面就是仔细将论文中的各个部分依次应用于样式，这是一个细致而又不可或缺的步骤，这样做的好处是，当将来发现某个地方并不符合要求需要修改时，只要直接修改样式，文中所有相应的部分便会同时修改，不用手动重复。

　　使用样式的意义还在于，对目录的编排起铺垫工作，因为目录是基于大纲级别的，而标题样式都预置了大纲级别，免去了不熟悉单独设置大纲级别读者的学习步骤。

二、多级条目的编号，巧妙使用项目编号

　　如果你开启了自动编号功能（WPS 默认开启），在论文编写过程中输入条目性的内容时，例如，输入的条目符号为"1."，在本条结束时回车进入下一条，会自动为"2.、3.……"。这个很方便的功能有时候也会困扰很多读者，它的使用还是有一定技巧的，下面将多级符号的使用方法总结一下。

　　WPS 默认开启自动编号，当在段落首输入类似"1.、一、（1）"等符号时，如果其后跟随内容，当回车进入下面段落的输入时，会自动延续编号，这是读者在编辑过程中最常遇到的。

　　要注意的是，如果不想自动编号，可以关闭这个功能，或者在出现新序号时按一下回退键

技巧3　WPS 文字论文排版经验技巧谈

（ Delete ）。

关闭此功能请选择菜单栏中的"工具"-"选项"，如图 4 所示。

▲ 图 4　关闭自动编号功能

最好同级的内容输入完毕后，再进入每一个项目编写下一级内容，这样做的好处是，当我们使用自动编号时无需调整级别，顺序进行下去即可。

需要编写下一级的内容，只要将光标停留在已经完成编号的后面内容中按下"Tab"键，WPS 自带了多套多级编号的列表，如图 5 所示，下面列举一例。

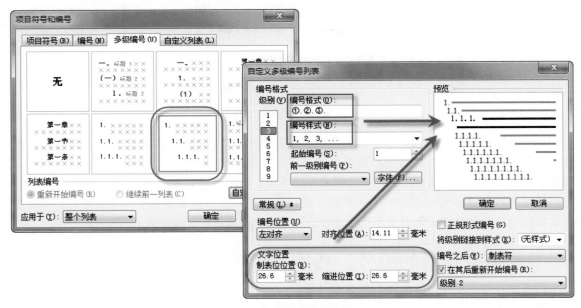

▲ 图 5　项目符号与编号

这是一个逐级缩进的多级编号，可以看到多级编号是由"编号格式"和"编号样式"组成的。编号格式主要是编号的呈现形式，如是否在右下角带一个点，在这里的调整可以实时反映在预览中看到效果；编号样式则是指使用什么数字符号来组成编号，例如"一、二、……"或者"（1）、（2）、……"。

每次调整时，都要在左侧指定相应的"级别"。另外，如果对符号或者文字的位置不满意，可以在"编号位置"和"文字位置"中调节，其中"对其位置"类似首行缩进的概念，"制表位置"则表示了内容距离编号的远近，"缩进位置"指的是延伸至第二行的内容的缩进距离。这几个概念不需要细究，只要调节一下就可以看出其区别。

选好了多级编号的呈现形式，下面就是如何应用于段落。请记住两个关键的操作方式："Tab"和"Shift+Tab"键，多数读者熟悉前者是用于"降级"，那么后者则是用来"升级"操作的。灵活掌握这两个操作对使用多级编号十分有帮助。

客观说，这的确是一个很实用的功能，但是有时候却又带来麻烦，尤其是涉及多级标题的时候。多数读者很容易搞乱，所以笔者给出一个建议，除非很熟悉多级目录的编排和调整方式，否则最好使用手动的方式编排多级符号，结合大纲级别或者预置样式的设置，也可以很好地完成编号的任务。

三、特殊表格的处理，掌握好边框线的设置

在科技类论文中，往往需要标准的三线格，即没有竖线，内容区域和左右框线都隐去。请注意我使用"隐去"这个词，是因为看到的虽然是三线格，但其实还是一个完整的表格，拥有表格的一切属性，如图 6 所示。

	出口	
省市	2007 年总额	2008 年总额
广东	1420182.7	1706003.6
山东	255932	394320.4
浙江	142205.6	155009
江苏	122259.7	150342
其他	665956	844527

	出口	
省市	2007 年总额	2008 年总额
广东	1420182.7	1706003.6
山东	255932	394320.4
浙江	142205.6	155009
江苏	122259.7	150342
其他	665956	844527

▲ 图 6 三线格的构成

为了达到这个效果，曾经见到过使用回车符和添加横线对象来做那条横线，更多的是遇到不会灵活使用表格属性的。

提请读者朋友注意的是，结构再复杂的表格都是由最基本的表格经过合并调整行列位置和对单元格边框设置得到的，三线格也不例外。掌握最基本的表格边线设置方法是非常重要的。

首先插入一个普通的表格并完成内容填充，如图 7 所示。

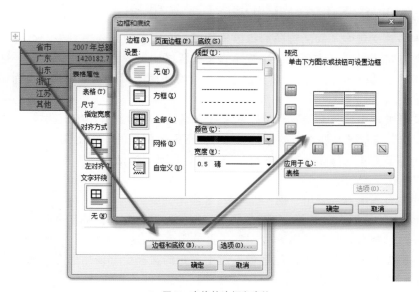

▲ 图 7 表格的边框和底纹

右击表格，在弹出的菜单中选择"表格属性"，选择"表格"标签中的"边框和底纹"。注意右侧的"预览"，表格的形态调整会实时在其中呈现，调整的内容是线的有无，线型、颜色和宽度。因为三线格需要去除的东西较多，我们开始在边框设置中选择"无"，可以看到，表格框线变为灰色，这些是在打印时候不会显示的。

先来添加表格上、下的粗框线。返回到选择表格这一步，选择全部表格后再进入表格属性。这时在预览中的双行表格的上、下边线就是实际表格的上、下框线，一般来说，为了保证打印准确，需要设置线宽为 1.5 磅，选择好宽度，直接单击相应位置的线即可，如图 8 所示。

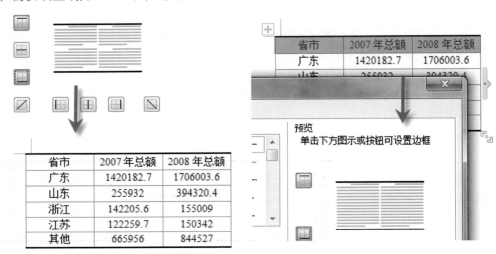

▲ 图 8　边框的设置方法

只要几个步骤就能熟悉表格边框线的设置方法，这是在表格操作中最基础也是最重要的操作，请读者一定注意掌握。

四、页面元素的分别处理，一定要理解"节"的概念

很多读者多篇文章中不同的页码编排很是困惑，在大多数人眼里看来，页码一旦插入就是通篇的事，您还可能对某一篇文档中既有横排又有竖排的形式感到惊讶。其实，这都是使用分节的效果。"节"的概念使得在同一篇文档中可以存在不同的页码编排方式、页面设置以及页眉与页脚的变化。

多数论文都要求中、英文摘要部分以罗马数字编码，题目部分不编页码或与正文单独编码，更复杂些的要求还可能涉及偶数页的标题抓取等。下面分别提供一些建议。

（1）进行与节有关的操作之前最好将分节符予以显示，方法是"工具"-"选项"，在"视图"标签的"格式标记"中勾选"全部"。

（2）不同的页码编排：采用"插-断-填"3 步来完成。

所谓"插"，就是插入分节符，如图 9 所示。例如，分为 3 部分的普通论文，编写时不要分页。完成后在每一部分之后都插入一个"下一页分节目"，这个命令起"分页＋分节"的作用，千万不要使用回车符来分隔页面，笔者曾见过十多章的文档全部使用回车符来分页，文章一改动则版式全乱，这种习惯一定要摒弃。

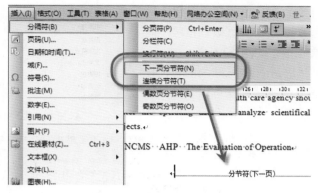

▲ 图 9　插入分节符

　　所谓"断"，就是为了实现页码编排的不同将节与节之间关联断开。在 WPS 中，不论你将文档分割成多少个节，它们之间默认都是相互关联的，后一节都保持与前面一节的关联，需要在某一节中单独编排不同内容，切断与前节联系是第一步。

　　进入"视图"-"页眉和页脚"编辑状态，如果文档已经被分节，那么"同前节"的按钮就会显示按下状态，表示如果不单独设置，那么每一节都将保持统一的设置。单独设置页眉、页脚的顺序应该是由前往后，先设置第一节，之后转至第二节。断开与前一节的链接，如图 10 所示，删除旧内容，填充新内容。第三节会

▲ 图 10　断开与前节的链接

随着第二节的变化而变化，那么依次处理就可以完成页眉、页脚因节有所不同的目的。

　　这种处理的方式同样适用于页面设置还有页码的单独编排，断开连接后分别重新处理即可。

　　所谓"填"就是在做好以上设置后，由前向后依次填充页眉、页脚内容，前面内容完成后，注意查看所属节的关联是不是正确，这样针对不同节的页眉、页脚设置就完成了。

五、目录的生成，全部可以自动完成

　　如果能熟练的生成目录，那说明对样式、大纲级别等内容已经有了了解。这是一个建立在众多工作基础上的功能。目录的自动生成，并不是软件完全智能化的结果，它是无法自动知道的，需要"告诉"它哪里是章，那里是节，哪些内容需要出现在目录中。

　　可以想象，使用带有大纲级别的多级标题样式来处理文档的各级标题后，实际上就是完成了目录内容的告知工作，在生成目录时，可以选择显示的级别，这取决于文档中设置过标题的大纲级别。查看标题大纲级别的方法是：将光标停留在所在段落，查看"格式"-"段落"中的大纲级别即可，可以看出，大纲级别共有 9 级，如图 11 所示。

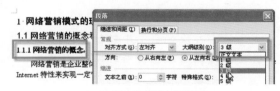

▲ 图 11　段落的大纲级别

　　完成好不同标题的设置，插入目录是瞬间的事。细心的读者已经发现，目录被安排在"插入"-"引用"中，同在此的还有"脚注和尾注"、"题注"、"交叉引用"。所谓引用，就是根据命令将文档中满足要求的部分提取出来。其实目录也被应用了样式（默认被称之为"目录 1"、"目

录 2"、……），插入目录命令，提取文档中包含大纲级别的文字或者段落及其所在的页数，按照不同级的目录样式呈现在文档中，如图 12 所示。

如果需要在目录中加入一些非标题的内容，只要将其选中，直接设置其大纲级别就可以了，可见目录的提取是以文字的大纲级别为标准的。目录格式的小修改可以选中内容直接进行，因为是引用的结果，这里的选中和普通文档的选中有些区别，需要仔细。大范围的修改，建议直接修改目录样式（请参考前面章节中关于样式的修改）。

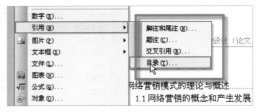

▲ 图 12 插入引用文章内容的目录

如果已经为编写目录设置好了标题样式和某些文字的大纲级别，那么在编写过程中查看文章结构就很容易了，使用"文档结构图"可以将目录的结构实时显示到文档结构图中，它还具有链接的性质，方便整体上的调整，如图 13 所示。

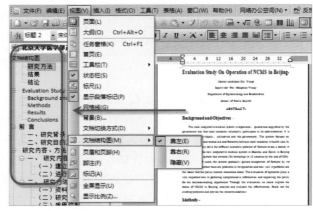

▲ 图 13 显示文档结构图

六、结构的调整，使用大纲视图

在上一节中提到了文档结构图，它可以直接查看文档结构，但是当需要整体调整章节位置的时候，多数读者还是仅仅想到大范围的剪切和粘贴，这样一旦调整很多就容易出错。遇到这种情况一定要学会使用"大纲视图"从整体上调整。

很多读者或许未曾使用过大纲视图，大纲视图是方便您按照章节或标题来把握文章整体结构。一般来说有 3 种情况使用大纲视图比较方便。

（1）文档内容全部完成，需要设置章节层次时。

大纲视图忽略了文档的页面排布形式，直接显示内容。只要将光标停留在其中，直接使用箭头设置标题级别即可，该段落即被应用于包含级别的相应标题样式。

（2）调整章节级别，使用大纲视图十分方便。

针对已经设置好的章节级别，在大纲视图下调整不仅简单方便，还能从整体上驾驭文章的感觉，提高修改质量和效率。

（3）章节间的位置调整时。

当需要在大的章节上整体移动段落时，只要保持其标题部分被选中的状态直接拖动鼠标到相应位置即可，该标题及其下属级别都会原样照搬，不会出现因为失误漏选或错选的情况。这对于经常斟酌文章结构特点的读者十分有帮助，大纲视图下的移动让您对文章的修改游刃有余，如图 14 所示。

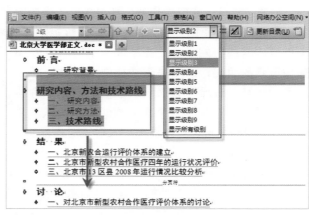

▲ 图 14 大纲视图的使用

技巧4 为办公文档加上艺术边框

作者：侯和林

作为一名教师，在办公室每天面对白纸黑字的计算机屏幕，撰写千篇一律的刻板文档，难免会感觉枯燥乏味。教案、课件，是否一定是千篇一律的标准格式呢？能否让版式活泼一些，养眼一些呢？让学生更感兴趣一些呢？给文档加上艺术边框，就是一个不错的主意。

这里我们以 WPS 2010 个人版为例，给大家介绍两种方法。

方法一：运用页面边框

打开 WPS 文字，从菜单中依次点击【格式】→【边框和底纹】，打开"边框和底纹"设置面板（见图1），点击顶部的"页面边框"选项卡，在左侧区域选择"方框"，在中间区域选择满意的线型、颜色和宽度，在右侧就会即时显示设置的效果（见图1），根据实际情况，在右下方的"应用于"选项中选择"整篇文档"、"本节"、"本节 – 直有首页"或者"本节 – 除首页外所有页"等选项。最后点击"确定"按钮，就完成了设置。

▲ 图1

虽然 WPS 提供的边框线型样式有限，但用这有限的线型配合不同的颜色和宽度，还是可以有许多变化。如果想要更加个性化的边框，则需要用到下面的方法了。

方法二：在页眉中插入

许多人都错误地认为，文档的页眉就是正文上方那一点点有限的空间。其实，从某种意义上来讲，页眉上方的那一点点空间，只是提供了一个入口，真正的页眉，则类似于 PhotoShop 中的"层"的概念，下面就利用这一特性，为文档添加精美的边框。

首先，利用搜索引擎在网上搜索到自己喜欢的边框图片，存放到本地备用。然后，在 WPS 文字的菜单中点击【视图】→【页眉和页脚】项，进入页眉设置状态，再点【插入】→【图片】→【来自文件】项或在绘图工具条上点击【插入图片】按钮，通过浏览找到刚刚保存的边框图片，将其插入到当前页面中。双击图片，出现"设置对象格式"面板，切换到"版式"选项卡，将"环绕方式"设置为"衬于文字下"（见图 2），点击【确定】按钮退出。

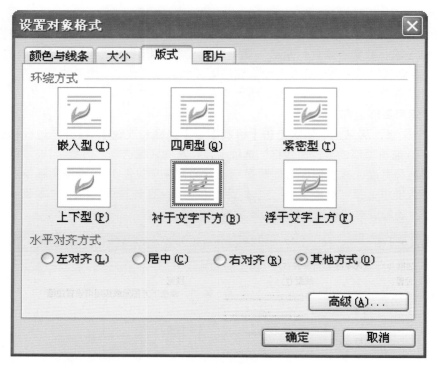

▲ 图 2

用鼠标光标拖动图片外侧的调整点，使其充满整个页面，然后点击一下"页眉和页脚"工具条（见图 3）右侧的【关闭】按钮，返回到正文编辑区域。

▲ 图 3

至此，精美的个性边框就制作完成了，由于是放到页眉中，因此这个边框会自动出现在该文档的每一页。在文档中输入文字，看看效果如何（见图 4）。

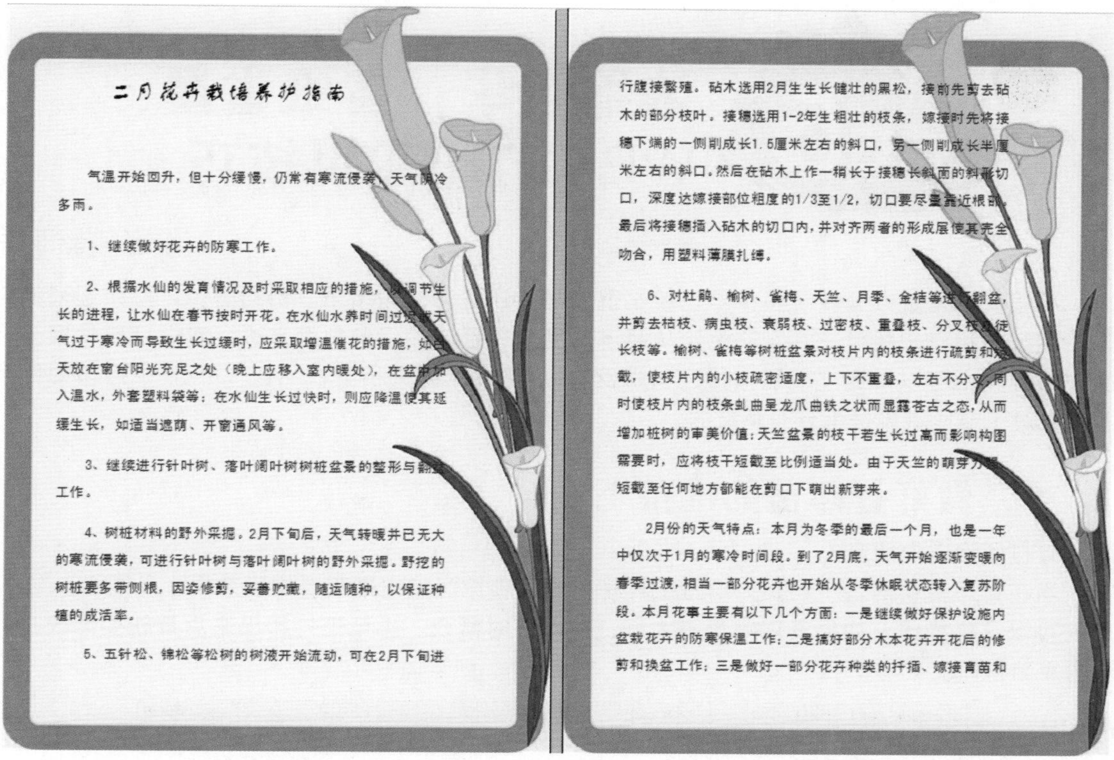

二月花卉栽培养护指南

气温开始回升，但十分缓慢，仍常有寒流侵袭，天气阴冷多雨。

1、继续做好花卉的防寒工作。

2、根据水仙的发育情况及时采取相应的措施，以调节生长的进程，让水仙在春节按时开花。在水仙水养时间过短或天气过于寒冷而导致生长过缓时，应采取增温催花的措施，如白天放在窗台阳光充足之处（晚上应移入室内暖处），在盆中加入温水，外套塑料袋等；在水仙生长过快时，则应降温使其延缓生长，如适当遮荫、开窗通风等。

3、继续进行针叶树、落叶阔叶树树桩盆景的整形与翻盆工作。

4、树桩材料的野外采掘。2月下旬后，天气转暖并已无大的寒流侵袭，可进行针叶树与落叶阔叶树的野外采掘。野挖的树桩要多带侧根，因姿修剪，妥善贮藏，随运随种，以保证种植的成活率。

5、五针松、锦松等松树的树液开始流动，可在2月下旬进行腹接繁殖。砧木选用2月生生长健壮的黑松，接前先剪去砧木的部分枝叶。接穗选用1-2年生粗壮的枝条，嫁接时先将接穗下端的一侧削成长1.5厘米左右的斜口，另一侧削成长半厘米左右的斜口，然后在砧木上作一稍长于接穗长斜面的斜形切口，深度达嫁接部位粗度的1/3至1/2，切口要尽量靠近根部，最后将接穗插入砧木的切口内，并对齐两者的形成层使其完全吻合，用塑料薄膜扎缚。

6、对杜鹃、榆树、雀梅、天竺、月季、金桔等进行翻盆，并剪去枯枝、病虫枝、衰弱枝、过密枝、重叠枝、分叉及徒长枝等。榆树、雀梅等树桩盆景对枝片内的枝条进行疏剪和疏截，使枝片内的小枝疏密适度，上下不重叠，左右不分叉同时使枝片内的枝条虬曲呈昂龙爪曲铁之状而显露苍古之态，从而增加桩树的审美价值；天竺盆景的枝干若生长过高而影响构图需要时，应将枝干短截至比例适当处。由于天竺的萌芽力强，短截至任何地方都能在剪口下萌出新芽来。

2月份的天气特点：本月为冬季的最后一个月，也是一年中仅次于1月的寒冷时间段段。到2月底，天气开始逐渐变暖向春季过渡，相当一部分花卉也开始从冬季休眠状态转入复苏阶段。本月花事主要有以下几个方面：一是继续做好保护设施内盆栽花卉的防寒保温工作；二是搞好部分木本花卉开花后的修剪和换盆工作；三是做好一部分花卉种类的扦插、嫁接育苗和

▲ 图4

技巧5 浓缩精华，省纸省墨：WPS 打印实用技巧

作者：韶亚军

尽管现在无纸办公喊了多少年，但是很多时候还是得打印出来。资料一多，打印起来就比较消耗纸张和打印耗材。其实，无论从经济角度，还是从环保的角度来讲，我们只要掌握一定的技巧，完全可以做到"节能减排、科学发展"。因此，研究一下在 WPS Office 中打印如何节省纸张对于节能减排是十分有意义的。

一、做好打印前的准备工作

1. 打印记得先预览。

当在打印资料前，一定要先单击工具栏上的"预览"按钮来观看排版效果（见图 1）。在打印前可以这样操作，如果发现哪里不太好，可以即时修改。不至于打印出来后重新要修改，然后再重新打印。

▲ 图 1 打印前先预览

2. 减小分辨率，剪裁不必要区域。

打印时比较消耗墨水的是图片，不过，在 WPS 中可以将这些图片的分辨率减小并剪裁掉不必要的区域，打印的时候将少消耗不少的墨水，而且打印出来效果并不影响太多，同时还能够为文件减肥，可谓是一举两得。在 WPS 中任选一图片，这时会显示图片工具栏，可以单击"裁剪"按钮，对图片进行裁剪（见图 2）。

▲ 图 2 裁剪图片

之后，右键单击此图片，在弹出的快捷菜单中选择"设置对象格式"命令。然后，在打开窗口中单击"图片"标签，再单击"压缩"按钮（见图 3）。

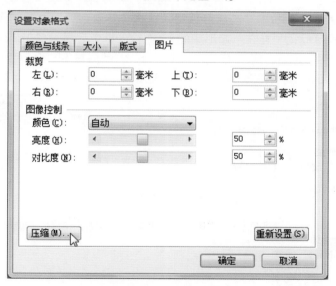

▲ 图 3 压缩图片选项

打开压缩图片对话框（见图 4），在"应用于"下选中"文档中的所有图片"，在"更改分辨率"选项区中选中"网页／屏幕"选项，同时可以选中"选项"区中的"压缩图片"和"删除图片的剪裁区域"两个复选项。进行完上述设置后单击"确定"按钮，退出"压缩图片"对话框，然后保存一下这个文档。

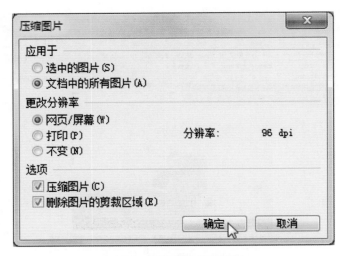

▲ 图 4　批量压缩文档中的图片

我们会发现这个文档打印出来不仅能够省下不少的墨水，而且它们也已经"苗条"了很多。

3. 减少无用空行。

有时通过网上复制、粘贴得到的文章，会发现有很多多余的空行，打印出来浪费纸张，手工删除又太麻烦，在打印前可以使用替换功能将空行删除掉：选择"编辑"→"替换"命令，在"查找内容"输入框中，按下"高级"按钮，选择"特殊字符"中的"段落标记"两次（因为空行是由多个"段落标记"连在一起形成的）。在输入框中会显示"^p^p"，在"替换为"输入框中用上面的方法插入一个"段落标记"（即"^p"），然后按下"全部替换"按钮，讨厌的空行就被删除了（见图 5）。如有多行空行，则可重复上述步骤，直至删除全部多余空行。

▲ 图 5　用替换法删除无用空行

二、只打印需要打印的内容

很多时候需要打印的只是文档中的一部分，如指定的页码、一页中的某一部分、一节等。在按下"打印"按钮前，一定要掌握只打印局部文档的技巧。

1. 只打印当前页或指定页码。

如图6所示，可以在"打印"对话框中看到"页面范围"区域，如果选择了"当前页"项，WPS只会打印出当前光标所在页的内容，也就是说只打印当前的一页。如果选择了"页码范围"项，则可以只打印我们指定的页码，如"1-1"可以打印第1页内容，"1-3"可以打印出第1页至第3页的全部内容。如果想打印一些某连续页码的内容，必须依次键入页码，并以逗号相隔，连续页码可以键入该范围的起始页码和终止页码，并以连字符相连，例如"2,4-6,8"就可以打印第2、4、5、6和第8页。

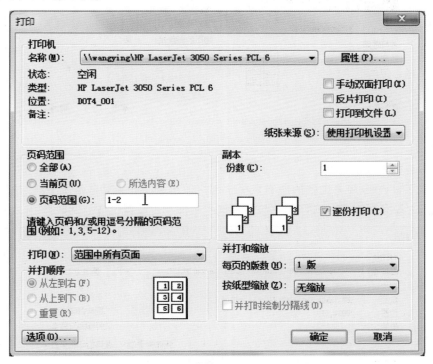

▲ 图6 只打印当前页或指定页码

2. 只打印选中内容。

如果只想打印出某一页的部分文档，请首先在文档当前窗口中选定需要打印的部分内容，然后在图7窗口中选择"所选内容"，注意一定要先选择好相关内容，否则"所选内容"选项会呈灰色不可选择。

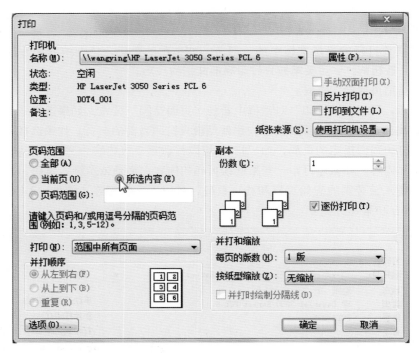

▲ 图7 只打印选中的内容

3. 只打印奇数页或偶数页。

默认方式下，WPS 会将文档的所有页面全部打印出来，如果某些情况下只想打印文档的奇数页或偶数页，那么可以在"打印"下拉列表框中选择"奇数页"或"偶数页"（如图 8）。

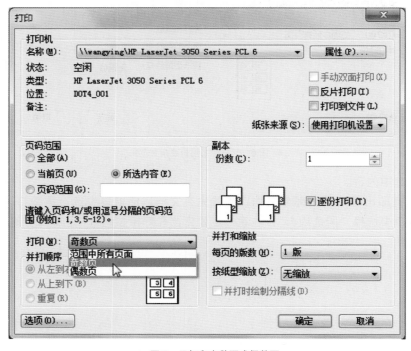

▲ 图8 只打印奇数页或偶数页

三、注意使用缩印功能

我们在打印文档时可以对文档进行缩印，这样就可以把原先无法打印到小纸上的内容打印到小纸上，甚至可以将多张纸上的内容打印到一张纸上，大大地节省了纸张。

1. 按每页版数缩印。

在 WPS 的打印对话框的右下方有一个"缩放"选项区域，可以单击"每页的版数"下拉列表框，从中选择版数，即可把内容打印到相应的版数上了。通过此技术可以把一页纸的内容，打印成 6 个版，真正实现缩印（如图 9）。

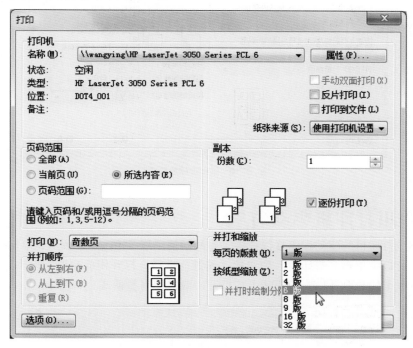

▲ 图 9 按每页版数缩印

2. 按纸型缩放打印。

另外，也可以单击"按纸型缩放"下拉列表框，再选择所使用的纸张也能实现缩印。如在编辑文件时所设的页面为 A4 大小，但想使用 16 开纸打印，那只要选择 16 开纸型，Word 会通过缩小整篇文件的字体和图形的尺寸将文件打印到 16 开纸上，完全不需重新设置页面并重新排版（如图 10）。

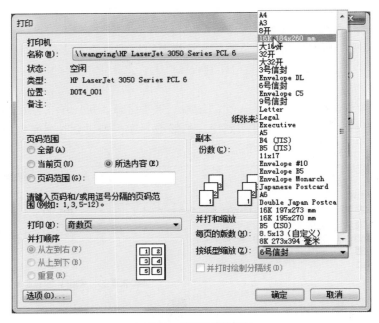

▲ 图 10　按纸型缩放打印

四、妙用打印机驱动省墨

现在有不少打印机的驱动程序往往提供了省墨功能：以 SamSung MFP 560 Series 为例进行介绍：在打印窗口中单击"打印机"旁边的"属性"按钮，打开相应窗口。单击"图形"标签，可以设置分辨率（如 600DPI 或 300DPI）或打开、或关闭省墨模式（如图 11）。

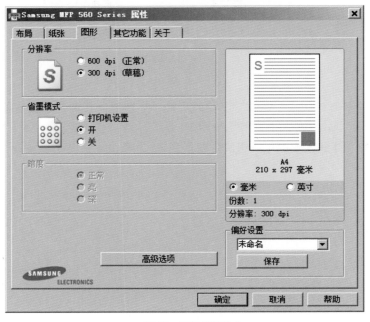

▲ 图 11　打印省墨模式

WPS 公文目录提取技巧两则

作者：侯和林

在编辑长文档时，我们可以通过设置标题的样式来实现自动提取目录，但是，当某个标题的字数过多时，我们往往用回车符手动分行，这样一来，在自动提取的目录中，一个标题就会识别成两个标题，如何解决这个问题呢？在这里提供两个方法。

方法一：使用"手动回车符"，即把光标定位在标题的适当位置，按 Shift+Enter 组合键来使标题分行，这样，在提取目录时，就会将这两行视为一个标题。但是，这个做法也有一个不足，就是虽然目录中是一个标题，但两段文字中间会有一个半角空格（见图 1）。

> 第四部分　法规文件 ....
>
> 高举中国特色社会主义伟大旗帜　为夺取全面建设小康社会新胜利而奋斗 ....
>
> 中共中央关于加强和改进新形势下 党的建设若干重大问题的决定（节选）............
>
> ## 高举中国特色社会主义伟大旗帜
> ## 为夺取全面建设小康社会新胜利而奋斗

▲ 图1

如果对文档要求不是太高，上面的办法已经较为可行，但对于追求完美的人来说，还需要另寻他径。

方法二：删除图 1 中的手动回车符，使标题连成一行，然后右键单击该标题，在弹出的菜单中选择"段落"，将"缩进"项下的"左侧"和"右侧"设置成相同的适当数值（见图 2），使标题文字符合我们的要求。

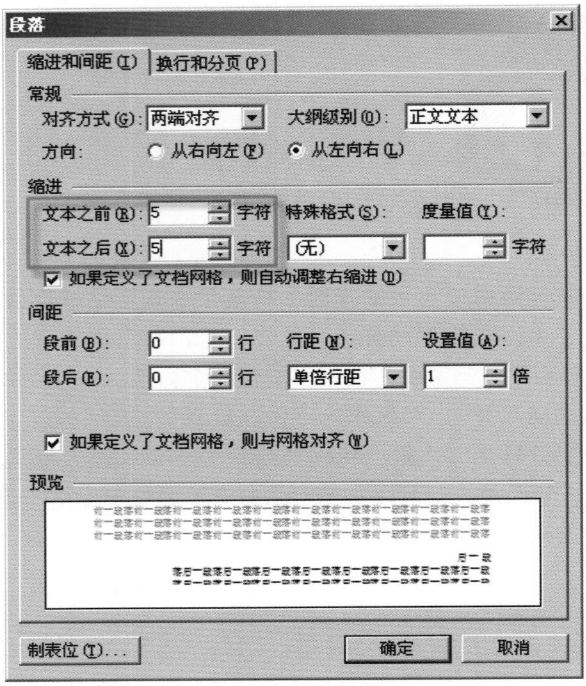

段落

缩进和间距(I) | 换行和分页(P)

常规
对齐方式(G): 两端对齐   大纲级别(O): 正文文本
方向: ○ 从右向左(F)   ● 从左向右(L)

缩进
文本之前(R): 5 字符   特殊格式(S):   度量值(Y):
文本之后(X): 5 字符   (无)   字符
☑ 如果定义了文档网格，则自动调整右缩进(D)

间距
段前(B): 0 行   行距(N):   设置值(A):
段后(E): 0 行   单倍行距   1 倍

☑ 如果定义了文档网格，则与网格对齐(W)

预览

制表位(T)...   确定   取消

▲ 图 2

这样就可以得到更为理想的目录效果（见图 3）。

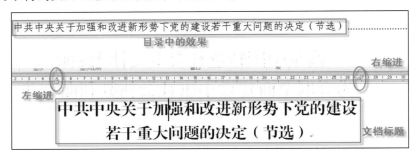

▲ 图 3

顺便说一下，用这个办法，还可以解决在页眉自动提取标题时，由于回车符和手动回车符造成的标题不全和标题成两行的问题（见图 4）。

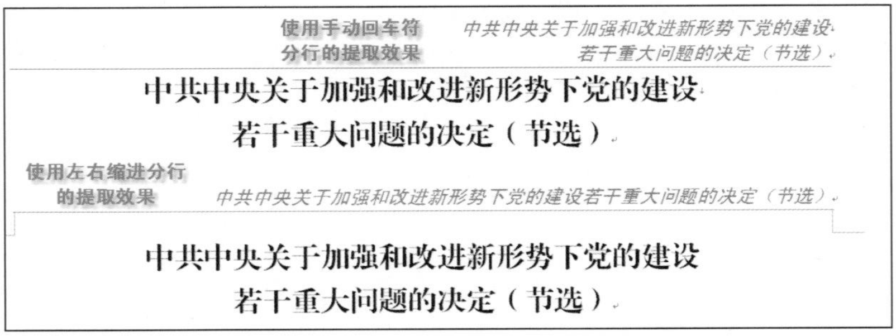

▲ 图 4

技巧7　用"WPS文字"幻化平衡美表

作者：葛宇

在日常使用"WPS文字"设计与制作左右不对称的错行表格的过程中，经常会遇到表头对应的文字填写内容存在"分布不平衡"的情况，这时比较常用的方法是采取"增加列宽或行高、合并单元格"等简单的操作来解决这个问题，可依此法制作出来的表格，常常是既费时，又不能做到美观大方。其实，只要正确理解"分节"的概念，并巧妙运用"插入分节符"、"分栏"等技巧的有序操作，制作左右错行表格其实很简单，具体方法如下。

第1步　特定表格精插入

插入表名（如"个人资料表"），设置"居中"格式后单击回车键。单击"表格"菜单，在弹出的下拉菜单中单击"插入"子菜单下的"表格"命令，在出现的"插入表格"提示框内，在"表格尺寸"提示栏内将"行数"与"列数"设为需要的内容，行数应为大于3的奇数（如5、7等），这样才能更好地体现这个技巧的作用。此例行数设为"5"，列数设为"2"，如图1所示。

▲ 图1

第2步　表格行高巧设置

将表格内容输入好后，选择表格上的"1-3"行，右键单击所选区域，在弹出的快捷菜单中选择"表格属性"，在"表格属性"设置框中单击"行"标签，在"尺寸"提示栏下"第1-3行"提示下勾选"指定高度"，并在其后的设置栏内设置"2厘米"，在"行高值是："设置栏内选择"固定值"，单击"确定"按钮，如图2所示。

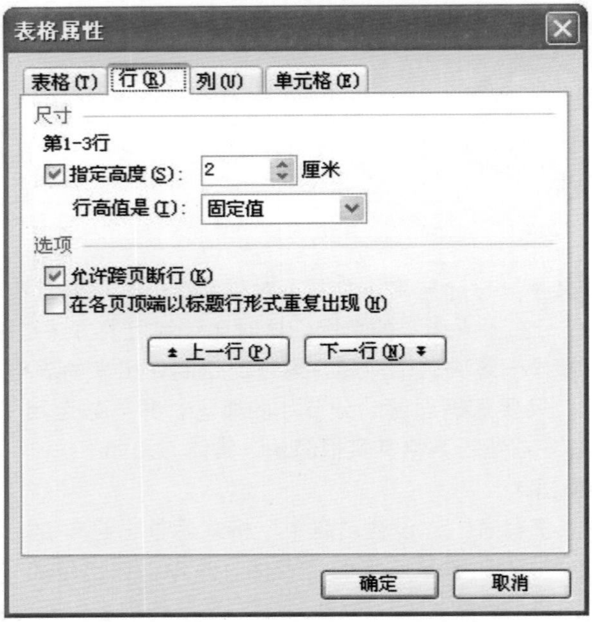

▲ 图2

用同样方法设置表格“4-5”行，“指定高度”为“3 厘米”，“行高值是：”选择为“固定值”。这里有个准则是，“1-3”行的总高度等于“4-5”行的总高度，即“2”×3=“3”×2=6(厘米)，这样才能保证在第三步得到一个左右对齐的错行表格，如图 3 所示。

个人资料表

姓　　名	王＊
性　　别	男
年　　龄	30
家庭成员	父亲：王＊＊ 母亲：李＊＊ 姐姐：王＊
家庭住址	河北省秦皇岛市海港区幸福之家社区三区第***栋**单元***室

▲ 图3

第 3 步　首尾加上分节符

单击表格第一行第一列单元格第一个文字前，单击“插入”菜单，在弹出的下拉菜单中单击"分隔符"子菜单下的"连续分节符",如图 4 所示。

个人资料表

姓••••名	王 *
性••••别	男
年••••龄	30
家庭成员	父亲:王 * * 母亲:李 * * 姐姐:王 *
家庭住址	河北省秦皇岛市海港区幸福之家社区三区第***栋**单元***室

▲ 图 4

单击"视图"菜单,在出现的下拉菜单中单击"大纲"命令。将鼠标光标定位在表格所在行的段落标记前,依上步方法插入"连续分节符",可以看到表格的首尾分别加入了连续分节符,成为了一个单独的节,如图 5 所示。

个人资料表

姓••••名	王 *
性••••别	男
年••••龄	30
家庭成员	父亲:王 * * 母亲:李 * * 姐姐:王 *
家庭住址	河北省秦皇岛市海港区幸福之家社区三区第***栋**单元***室

▲ 图 5

技巧 7 用"WPS文字"幻化平衡美表

第4步 分栏参数细设定

单击"视图"菜单,在弹出的下拉菜单中单击"页面"命令。选择表格上的所有文字内容及鼠标光标所在的段落标记。单击"格式"菜单,在弹出的下拉菜单中单击"分栏"命令,在出现的"分栏"提示框内"预设"提示栏下选择"两栏"图标,勾选"栏宽相等"前的对勾,并将"宽度和间距"提示栏下"间距"设置栏内的数值设为"0",并在"应用于"提示栏内选择"所选节",单击"确定"按钮,如图6所示。

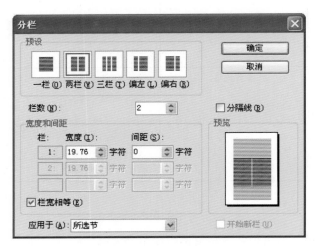

▲ 图6

左键单击表格左上角出现的十字箭头,在弹出菜单中选择"自动调整"子菜单下的"根据窗口调整表格"命令,如图7所示。

▲ 图7

对列宽、行距等参数简单设置,一张左右平衡错行表格立刻展现在我们的眼帘,如图8所示。

个人资料表

姓　　名	王　*	家庭成员	父亲：王＊＊ 母亲：李＊＊ 姐姐：王　＊
性　　别	男	家庭住址	河北省秦皇岛市海港区幸福之家社区三区第＊＊＊栋＊＊单元＊＊＊室
年　　龄	30		

▲ 图 8

总结：

1."连续分节符"的作用是将本来在"一栏"内显示的表格各行平均分配在"两栏或更多栏"内（随分栏数目而定）显示，也就是说表格的"高度"/"分栏数"="在每栏内显示的总行高值"，"在每栏内显示的总行高值"/"每行的行高"="在每栏内显示的行数"。希望达到的效果是表格左侧的"奇数行"与右侧的"偶数行"实现左右对齐，这就是在第二步当中分别设置行高值的意义所在。

2. 分栏值的设定中，"间距为0"的设置是为了消除由于分栏造成的左右表格之间的空隙，从而达到视觉上是"一张表"的整体效果。

WPS Office

4

第四章

试卷和测试题制作

在办公软件还未普及的时候，有很多教师都有制作油印试卷的经验，人工版刻不仅费时还很费力，随着办公自动化，Office软件逐渐替代人工，成了教师制作试卷、测试题的选择。下面就让我们来看看 WPS 2010 在试卷制作方面的卓越能力吧！

技巧 1 用 WPS 表格制作考试系统

作者：李宗霞

目前，英语标准化考试（即以选择、判断题为主）正大行其道。能不能用 WPS 表格来制作一套标准化考试题呢？很简单，只要用好其中的公式、函数、窗体就行了。

本考试系统功能。

● 学生除输入姓名外，其余操作都用鼠标完成，非常方便。

● 教师可自动扫描考生姓名、成绩，避免了改卷的辛苦。

● 修改试题库即可更新试题内容。

一、制作试题工作表

1. 表头设计。

表头一般位于工作表的左上部，对整个工作表有重要的导航作用，如图 1 所示。

第 1 步 新建工作簿。新建一个名为 "WPSKSXT" 的工作簿，为保证它能在 Excel 下兼容运行，可保存为 XLS 文件。

默认地，该工作簿包含了 Sheet1、Sheet2、Sheet3 等工作表。为使考试系统更加简洁，可删除 Sheet2、Sheet3，只在 Sheet1 中工作即可。

创建考试系统绝非一时半载之事，为避免停电、系统故障等的影响，请将 "WPS 表格" 自动备份文件的时间设置得

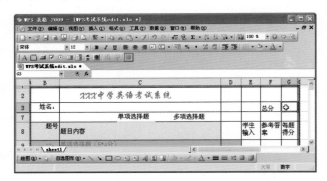

▲ 图 1 表头设计

短一点：单击 "工具" → "选项" → "常规与保存" 即可进行修改。选择 5 分钟左右为宜。

第 2 步 让表头恒显。考试系统设置完毕后，要显示的只有 A、B、C、E 列，为此，可选中 F9，再单击 "窗口" → "冻结窗格"。这样，无论表格有多宽、多高，F9 左上角的表头部分将恒显不变。

2. 单项选择题设计。

本考试系统中，单项选择题共 5 道，每题 4 分。充分利用好选项按钮、分组框、列表框、组合框等窗体即可构建出单项选择题。实测表明，在同一工作簿中过多地运用选项按钮、列表框、组合框后，这些窗体的响应速度很慢。为此，本系统只包含 5 道单项选择题且用不同的窗体来构建。

本例中，将用选项按钮来构建 1、2 两题。

第 1 步 单击 "视图" → "工具栏"，钩选其下的 "窗体"，让窗体工具栏显示出来。

第 2 步 在窗体工具栏里单击 "选项按钮" 工具后，在 B11 单元格里，按住鼠标左键拖动

即可画出一个选项按钮。接着，右键单击选项按钮，从弹出的快捷菜单中单击"编辑文字"，将其中的默认文字删除再输入字母 A。接着，尽量缩小选择按钮，将其摆放到 B11 单元格的正中位置，如图 2 所示。

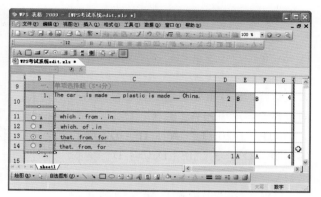

▲ 图 2　用选项按钮构建单选题

同理，分别在 B12、B13、B14 单元格里插入选项按钮 B、C、D。

第 3 步 在窗体工具栏里单击"分组框"后，按住鼠标左键拖动画出一个分组框。接着，右键单击分组框，选择"编辑文字"将其中的默认文字删除。然后，适当缩放分组框，将 4 个选项按钮封闭起来。

为了美观，需要将分组框刚好叠加在"B11 – B14"的区域上。为满足这一要求，实测表明，将 B 列宽度设置为 8.5，将 11、12、13、14 行的高度设置为 20。另外，第 10 行的高度设置为 40，再将它的文字对齐方式设置为水平靠左、垂直靠上。这样，将 C10 用于输入题干时可容纳两行。本考试系统中，单选题和多选题和题干（高为 40）和选项（高为 20）部分都是按这一规格来设计的。

第 4 步 右键单击任意一个选项按钮，选择"设置对象格式→控制"，在"单元格链接"后输入"$D$10"。完成后，单击"A、B、C、D"等选项按钮，可观察到 D10 单元格出现了"1、2、3、4"。

第 5 步 在 E10 单元格输入以下公式：

=IF（D10=1，"A"，IF（D10=2，"B"，IF（D10=3，"C"，IF（D10=4，"D"，"没做"））））。

完成后分别单击"A、B、C、D"等选项按钮，可观察到 E10 单元格会分别自动填入"A、B、C、D"。

第 6 步 在 G10 单元格输入以下公式：=IF（E10=F10，4，0）。这一公式的作用是将 E10 单元格的值（学生的输入）与 F10（参考答案，须提前输入）进行比较。如果相同即表示学生的输入正确，则在 G10 填入 4 表示得分，否则填入 0。

至此，第 1 道单项选择题设置完毕。

同时，请在 B15 – G19 单元格式区域里设置第 2 道单项选择题。

小提示

如果在同一分组框里可同时选中多个选项按钮，说明它们没有被分组框完全封闭起来，请仔细调整它们的位置和大小直到只能选中一个为止。

在同一分组框里从上至下单击选项按钮，如果所链接的单元格填入的数字不是按 1、2、3、4 顺序排列，那是因为插入的选项按钮先后顺序错乱，请尝试交换它们的顺序来解决。

3. 用组合框构建单项选择题。

本例中，将用组合框构建第 3、4 两道单项选择题，如图 3 所示。

第 1 步 通过窗体工具栏在 C20 单元格插入一个组合框。接着，右键单击组合框，选择"设置对象格式"→"控制"，在数据源区域后输入"$B$21:$B$24"，在单元格链接后输入"$D$20"。

完成后，单击组合框，可选择弹出的 A、B、C、D，同时，D20 单元格里自动填入 1、2、3、4。

第2步 在 E20 单元格输入以下公式，这样，E20 单元格会随着组合框的不同选择而自动填入 A、B、C、D。

=IF（D20=1，"A"，IF（D20=2，"B"，IF（D20=3,"C",IF（D20=4,"D"," 没 做 "））））。

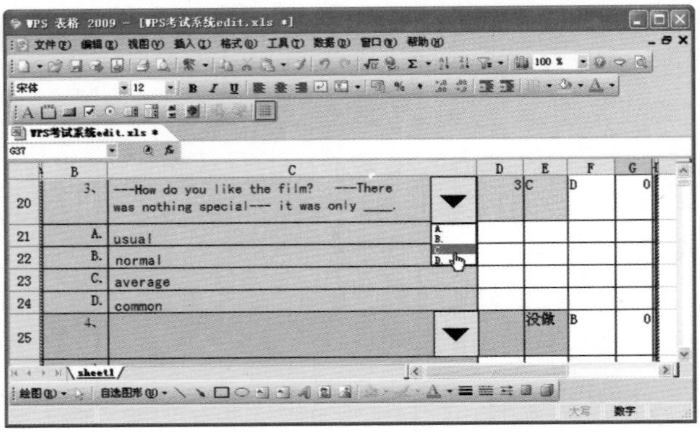

第3步 在 F20 输入第 3 题的正确答案后，在 G20 单元格输入以下函数以判断学生的输入并给分。

=IF（E20=F20,4,0）

至此，第 3 道单项选择题设计完成，请用类似的方法在 B25 至 G29 单元格区域设置第 4 道单项选择题。

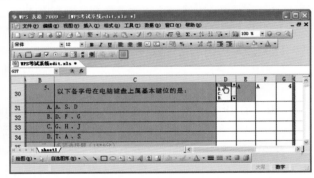

▲ 图3 用组合框构建单项选择题

4. 用列表框构建单项选择题。

本系统中，将用列表框来构建第 5 道单项选择题，如图 4 所示。

第1步 在 D30 单元格插入一个列表框。接着，右键击列表框，选择"设置对象格式→控制"，选择控制的区域为"$B$31:$B$34"，链接的单元格为"$D$30"。

▲ 图4 用列表框构建单项选择题

第2步 在 F30 单元格里输入第 5 题的正确答案后，在 E30、G30 中分别输入以下公式即可。

=IF（D30=1，"A"，IF（D30=2,"B",IF（D30=3,"C",IF（D30=4,"D"," 没做 "））））

=IF（E30=F30，4，0）

至此，5 道单选题全部创建完毕。

小提示

本文提供的 3 种创建单选题的方法中，"选项按钮＋分组框"法最直观而且与真实的纸质考试相似度高，效果最好，只是调整它们的位置及大小相对麻烦。列表框法与组合框法设置简单，无调整位置之烦，只是与纸质考试相似度低，推荐给追求新颖的人士使用。要注意的是，只要插入的这几种窗体过多，对窗体进行选择时的反应都很慢。希望 WPS 能有所改进。

二、多项选择题设计

本系统中，多项选择题全部用复选框来构建。要注意的是，复选框不会像选项按钮、列表框、组合框那样因插入过多而出现"反应迟钝"。为此，考试系统中包括了多项选择题 15 道，每题 5 分。第 1 道多项选择题，如图 5 所示。它的设计过程介绍如下。

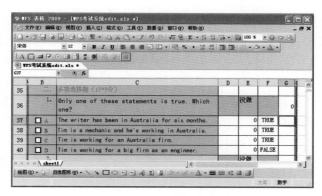

▲ 图 5　用复选框构建多项选择题

第 1 步　在 B37、B38、B39、B40 单元格里分别插入一个复选框。接着，将它们的名称分别修改为"A、B、C、D"。然后，将它们分别链接到 D37、D38、D39、D40。

完成后，反复单击复选框，可让它在选中与非选中状态间转换，同时所连接的单元格自动填入"TRUE"或"FALSE"。

第 2 步　在 E37 单元格里输入公式"=D37"，再用填充的方式向下复制该公式一直到 F40 单元格。

第 3 步　在 E36 单元格输入以下公式以判断学生是否做过此题。

=IF（AND（E37=0，E38=0，E39=0，E40=0），"没做"，""）

第 4 步　在 F37 – F40 单元格里输入这道多选题的参考答案，用 TRUE 表示正确，FALSE 表示错误。

第 5 步　在 G36 单元格里输入以下公式：

IF（AND（D97=F97，D98=F98，D99=F99，D100=F100），5，IF（AND（NOT（AND（D97=F97，D98=F98，D99=F99，D100=F100）），OR（D97=TRUE，D98=TRUE，D99=TRUE，D100=TRUE），NOT（OR（（D97-F97）>0，（D98-F98）>0，（D99-F99）>0，（D100-F100）>0））），1，0））。

公式说明：如果全部正确，给 5 分；如果没做或有错选，给 0 分；如果少选但无错选，给 1 分。

三、判断题设计

判断题共有 5 道，每题 1 分，如图 6 所示。有了前面的设计为基础，相信大家都能自行设计了，为此，具体方法不再赘述。

▲ 图 6　用复选框构建判断题

四、辅助设计

下面，将对考试系统进行一些辅助设计。

第 1 步　选中 C3 后按住键盘上的 Ctrl 键，再分别选中 G3、D10、D20……D37 至 D40、D42 至 D45……D112 至 D115、D117 至 D121 等学生输入姓名的单元格、统计成绩的单元格、有窗体链接过的单元格，右键单击，选择"设置单元格格式"，从弹出的对话框中单击"保护"

并反选其下的"锁定"。这样做的目的是对工作表进行保护后，这些被取消了锁定属性的单元格还可接收数据输入。

第2步 再次选中前面的单元格，按 Delete 键，清除这些单元格式中的数据。这一步是对考试系统进行初始化工作，保证了与学生见面的工作表无任何输入。

第3步 选中 D 列，右键单击，在弹出的菜单中选择"隐藏"，同理，隐藏 F 列、G 列。这样，学生的输入情况将只显示在 E 列里。

第4步 单击"工具"→"保护"→"保护工作表"并按提示输入密码。本例中，密码为19216801。

至此，考试工作表全部制作完毕。

五、制作统计工作表

下面，按 30 位考生的规模来设计统计成绩的工作表。

第1步 在试题工作表，即 WPSKSXT.XLS 所在的文件下创建一个文本文件，输入以下内容：

copy wpsksxt.* wpsksxt01.*
copy wpsksxt.* wpsksxt02.*
……
copy wpsksxt.* wpsksxt29.*
copy wpsksxt.* wpsksxt30.*

以上内容输入完成后，单击"文件→另存为"，选择"保存类型"为"所有文件"（一定不要错），再输入文件名为 NEW.BAT 即可生成一个批处理文件。

今后，只要双击这一批处理文件，WPSKSXT.XLS 即可被复制 30 份出来。复件的文件名分别是 WPSKSXT01.XLS、WPSKSXT02.XLS……WPSKSXT30.XLS。

第2步 新建名为 TJ.XLS 的工作表，同时打开另一工作表 wpsksxt01.XLS。单击"窗口→重排窗口→垂直平铺"，两个表格文件都将同时显示出来，如图 7 所示。接着，在 TJ.XLS 工作表的 B3 单击格里输入" = "，再单击一下 wpsksxt01.XLS 工作表的 C3 单元格并按回车键，TJ.XLS 的 B3 将出现下面的公式：=[wpsksxt01.xls]sheet1!$C$3。

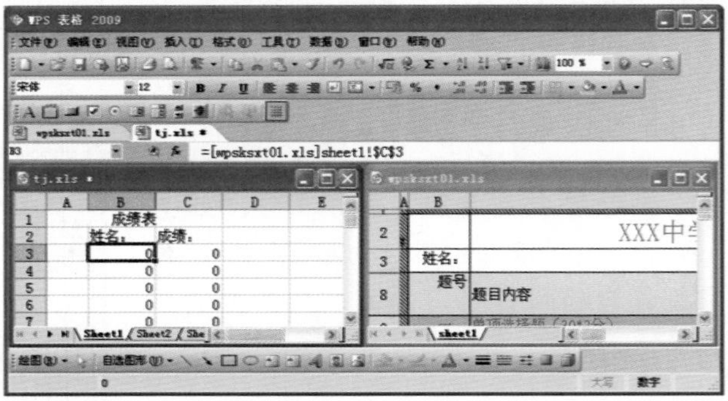

然后，用同样的方法，在 TJ.XLS 的 C3 单元格里输入下面的公式：

=[wpsksxt01.xls]sheet1!$G$3

▲ 图 7　制作统计工作表

这样，TJ.XLS 的 B3、C3 单元格就能从 wpsksxt01.XLS 工作表里提取学生的姓名和考试成绩了。

同理，用 TJ.XLS 的 B4、C4 单元格提取 wpsksxt02.XLS 中的姓名及成绩……，重复上述操作，直到将 wpsksxt03.XLS……wpsksxt30.XLS 共 30 个工作表处理完。

六、考试系统使用方法

本考试系统适用于局域网环境。

第1步 将包含所有考试系统表格的文件夹表格打包压缩，并创建一个自解压文件，解压路径可设置为文件名，自解压文件创建好，将其存放在局域网内服务器上，备用。

第2步 解压缩服务器上的自解压文件，为 WPSKSXT01.XLS、WPSKSXT02.XLS……WPSK-SXT30.XLS 等文件（共 30 个）在学生机的桌面上创建快捷方式。

第3步 学生通过自己电脑桌面上的快捷方式打开试题文件，在指定的位置输入姓名后即可答题了。由于已在前面对考试文件进行了初始化工作，为此，每一题后都有"没做"字样，答题后它会自动消失。另外要注意的是，对多选题和判断题，如果你认为某选项错误，请先选择它再取消选择，否则可能造成误判。还有，完成后别忘了保存再退出考室。

第4步 学生交卷后，教师打开"TJ.XLS"，能自动扫描出考生的姓名及成绩。但要注意的是，如果没有事先解压出 WPSKSXT01.XLS、WPSKSXT02.XLS……WPSKSXT30.XLS 等文件，打开 TJ.XLS 时会因找不到源文件而报错。

一轮考试后，请重新解压试题，否则，新一轮考生将观察到前一轮考生的答案。

七、考试系统的维护

首先，打开 WPSKSXT.XLS 进行修改。接着，用前面提供的方法重新打包即可更换试题内容。

WPS 中带声调规范的汉语拼音快速输入

作者：刘帮平

　　汉语拼音有 5 个带声调的字母，在输入这些字母时非常不方便，另外"a""g""ü"也不是直接在键盘上就可以打出来的，以至于有些教师在制作试卷时，用"a""g"替代"a""g"的不规范做法，而声调只能打印出来后手工写上去，这样既不美观，也不便于今后信息的再次利用。那如何才能在电脑里输入标准规范的汉语拼音呢？在 WPS 里，我们可以通过"符号栏"工具，插入汉语拼音。

　　第1步 单击菜单"视图"→"工具栏"→"符号栏"，就可以看到符号栏，如图 1 所示。

▲ 图 1　WPS 符号栏

　　符号栏上只会显示系统默认设定的常用符号，可按需要手动添加。单击菜单"插入"→"符号"，弹出"符号"对话框，如图 2 所示。

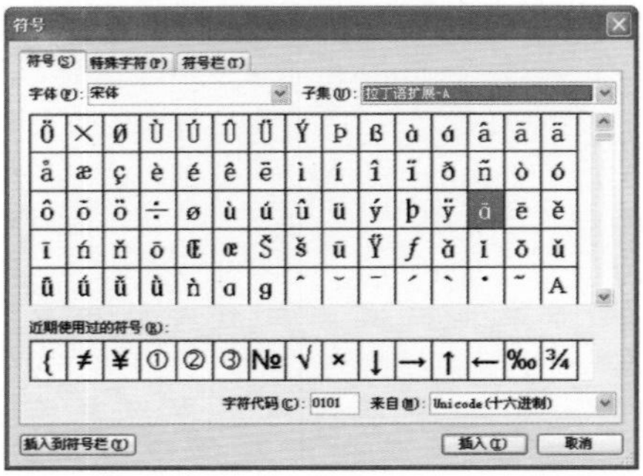

▲ 图 2　符号对话框

　　字体选择宋体，子集在拉丁语及扩展和国际音标扩展中可以找到相应的字符。

　　选中想要插入符号栏的字符后，单击左下角的"插入到符号栏"按钮，这时该字符已经被插入到符号栏，如图 3 所示。

▲ 图 3　自定义符号栏

　　第2步 如果想调整字符的位置，可以在"符号"对话框的"符号栏"标签中，通过"下移"和"上移"调整位置，同时还可以为字符设置快捷键，这样操作会更方便，如图 4 所示。

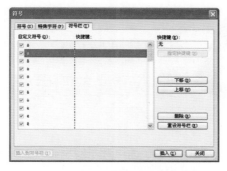

▲ 图4 通过符号栏为字符设置快捷键

另外，也可以通过"拼音指南"插入汉语拼音，先输入需要标注拼音的汉字，并选中这些汉字，依次单击菜单"格式"→"中文版式"→"拼音指南"，如图5所示。

这时，在弹出拼音指南对话框中，可以看到文字已经被标注上汉语拼音了，如图6所示。

▲ 图5 拼音指南菜单

▲ 图6 拼音指南设置框

根据需要对相关选项进行设置，单击"确定"按钮，就得到了如图7所示的结果。

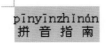

▲ 图7 结果显示

如果只是需要拼音，可以单击拼音指南对话框的组合按钮，这样拼音就都在一个文本框里了，然后将其复制出来就可以了，如图8所示。

▲ 图8 组合拼音与文字

技巧3 使用 WPS 文字 规范编排理科公式符号

作者：卢鹏

随着计算机的普及，许多教师都告别了当年一手蜡纸、钢针笔、一手油印机的"墨器时代"，转而采用电脑来编排材料、试卷。但随之问题也来了，在"墨器时代"大家印的材料都是手写体，理科字符、公式不需要那么多规范（规范了也看不出来）。而到了现在"电器时代"使用印刷体字符排印，不规范的理科字符、公式之丑陋就顿时显现出来了。

比较两段相同内容文字按不同样式打印的结果，如图 1 所示：

> 重力的大小可以根据初中学过的 G 跟质量 m 成正比的公式 G=mg 求得，式中 g=9.8N/kg 表示质量是 1kg 的物体受到重力是 9.8N。而已知物体重力则可通过公式 $m=\dfrac{G}{g}$ 求得质量 m。
>
> ───────────────────────────
>
> 重力的大小可以根据初中学过的 G 跟质量 m 成正比的公式 $G=mg$ 求得，式中 $g=9.8\mathrm{N/kg}$ 表示质量是 1kg 的物体受到重力是 9.8N。而已知物体重力则可通过公式 $m=\dfrac{G}{g}$ 求得质量 m。

▲ 图 1　相同内容但风格迥异的理科排版打印效果

显然大家直观就感觉下方的排版很舒服：上方是一位初学者的排版效果，下方是一位有从业经验的中学教辅材料编辑员的排版效果。翻开物理课本、正规出版的理科材料乃至原版高考试卷都会发现其中理科字符、公式和字体都与图 1 下方排版一致。究其原因在于，这些字符公式样式都表示其数学或物理含义，有其国家标准，不能随意置换。

以下将给大家讲解。

一、使用字体

有人会问公式不就是 ABC=DE 嘛，怎么还有区别？

在专业书上常常看到同一个字母由于字体不同而代表不同意思，如图 2 所示。

$$\mathbb{F}=\int_{-\infty}^{+\infty}F(x)\mathrm{d}x; F(x)=\oint_{S}f(x)\mathrm{d}x$$

▲ 图 2　同一字母不同字体

由此可见确定字体的重要性。所幸在中学阶段，我们没有涉及那么多各种各样的字符，其中主要就是拉丁字母（xyzabc）、希腊字母（abcde）和数学符号（ ± ≡ ≤∑∏∥ ）。

在理科字符印刷体上，表示变量、单位等的拉丁字母推荐使用罗马（Roman）体。罗马体是几百年来科技界的标准字体，如图 3 所示。

Roman	Gothic
罗马体	**哥特体**

▲ 图 3　罗马体及与其相对的哥特体

现在常用的罗马字体是 Windows 系统内置的"Times New Roman"，如果不能确定看到的字符是什么字体的，可以将光标选中某一个字母，WPS 软件上的字体栏会显示字体名字。

返回到图 1，大家也可在附件中取得该文件。在 WPS 中选择上方段落的某个西文字母，看到字体是"宋体"。而"宋体"中的西文字母部分设计十分难看，而且其斜体和粗体效果均不好，应该把该段西文字体改为"Times New Roman"。

当然可以分次选中其中的单词更改字体，但较为麻烦。由于 WPS 将中文和西文字体分开处理，可以同时选中含有这类字符的一个或几个段落，单击鼠标右键，在弹出的"字体"对话框中，将"西文字符"改为"Times New Roman"，如此不但批量更改了西文字体，而且从该段字后也会服从上面的特性，如图 4 所示。

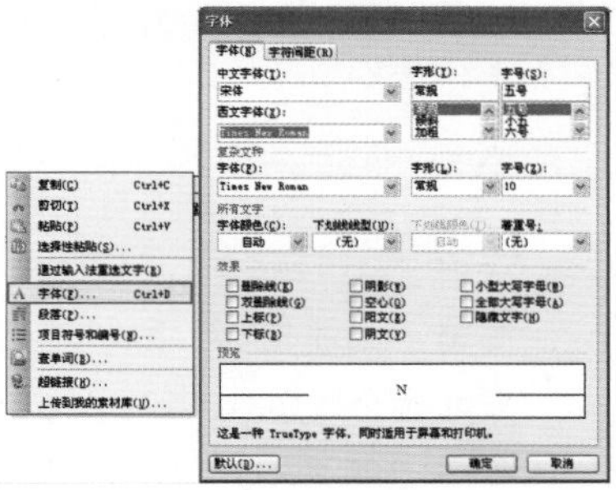

希腊字母是物理学常用的字符类型，但它不像拉丁字母那样可以直接由键盘输入而导致一些人的困扰。其实有许多方法可以输入希腊字母。

▲ 图 4　字体对话框

1. 通过汉字输入法。

几乎在所有的汉字输入法工具条上，单击右键出现的菜单中都有软键盘一项，选中其下级菜单中的希腊字母，在弹出的小键盘中即可选择输入希腊字母了，如图 5 所示。

2. 通过"符号"对话框。

▲ 图 5　输入法的希腊字母小键盘

单击选字处理软件菜单"插入"→"符号"，可以开启"符号"对话框。确定好"字体"项，再设置"子集"为"基本希腊语"，即可在光标处插入希腊字符，如图 6 所示。

这里关键在于输入希腊字母的效果问题。两种方法默认输入的字体是"宋体"，都需要更改为"Times New Roman"才能使用。由于不明原因的问题，各办公软件均把希腊字母识别为中文，所以要更改希腊字母字体需要将"字体"对话框中的中文字体进行更改。这两种方法较为麻烦，故有经验的编辑者常把处理好的常用希腊字母放在独立的文档中以复制备用，或者使用本文后面提到的公式编辑器。

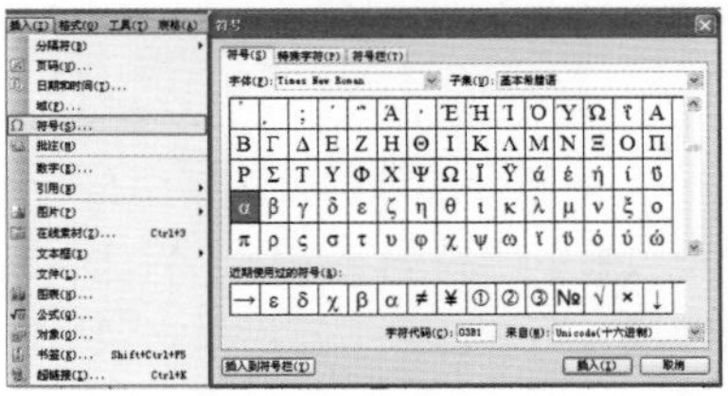

▲ 图 6　"符号"对话框

二、字符修饰

翻开教科书和高考试卷，可以发现里面公式不是随意键入诸如"F = ma"即可。而是要做如"$F = ma$"这样的变化。这就是所谓理科公式符号需要遵循的数学字符修饰规则。要对有特定含义的字符进行加粗、加斜等处理。

1. 原型。

单位：如 Nm（牛米），rad（弧度），m/s^2（米每平方秒），Ω（欧姆）。

专用函数：如 sin（at），$ln\,2$，中的 sin 与 ln。

算子符号：如 dx 而非 dx，lim 而非 lim。

数学常量：如圆周率 π，自然指数 e，虚数单位 i j（物理常量，如 G，c 需加斜）。

数字：如 3.14，15.68，9.8。

标点符号：如括号（　），加号 +。

事物名称：如物体 A，小车 B。

标签：如 f 摩擦 $=0$，$T_{box} = 16$ N 中的下标。

选择支：如 A. $1 + 1 = 1$ B. $1 + 1 > 1$。

汉字：汉字在历史上没有斜体写法，电脑上的斜体都是针对西文的。

2. 加斜。

变量：如质量 m，随机变量 x。

变动标符：如 x_i 中的 i。

普通函数：如 $f(x , y)$ 中的 f。

点弧线段：如点 A，线段 AB，弧 CD。

临时常量：如某些条件下设为常量的 a，b。

3. 加粗。

数集：如实数集 R，整数集 Z。

向（矢）量：如 $a = 2i + 3j + 3k$ 中的 a i j k（向量印刷体由于不易增加上方的→号而应加粗表示，同时若是变量或临时常量需要遵循加斜的原则）。

矩阵：如矩阵 $AB = I$（原理同向量）。

由于在大批量输入全部公式后更改很困难。这时候可以使用快捷键，在输入公式时就设置字符修饰。加粗：**Ctrl + B**，加斜：*Ctrl + I*。快捷键使用两次相当于取消。

三、上下标使用

上下标是理科公式常用符号位置，也遵从符号修饰的规则。具体设置方式是，在键入欲置于上下标位置的字符前（或键入后选中该字符）单击快捷工具栏上"上标"（"下标"）图形按钮。若找不到该按钮，可在选中字符后单击鼠标右键，在弹出的字体对话中勾选"上标"（"下标"）选项处，如图 7 所示。

也可使用快捷键操作，上标："Ctrl + Shift + ="，下标："Ctrl + ="，使用两次也相当于取消。

▲ 图 7　快捷工具栏上
"上标"（"下标"）图形按钮

四、公式编辑器

WPS Office 2010 中附带的公式编辑器，为复杂公式的录入提供了便捷的解决方法。将光标置于欲输入公式的位置，工具栏上单击公式编辑器图形按钮或单击菜单栏"插入"→"公式"，在打开的"公式编辑器"对话框中通过输入和选择即可得到相应的复杂公式，如图 8 所示。

其输入效果如图 9，图 1 上段中分式是由文本框拼合而成，而下段是公式编辑器编辑的，美观多了。

▲ 图 8　WPS 内置公式编辑器

$$f(t) = \frac{1}{\sqrt{2\pi}} \int_{-\infty}^{\infty} F(\omega) e^{-j\omega t} d\omega$$

$$\lim_{\substack{n \to \infty \\ r \to 10}} \frac{n!}{r!(n-r)!}$$

▲ 图 9　公式编辑器编辑的公式

小提示

- 由于计算机智能不够，公式输入过程中很多部分不能转化为正规格式。如数学常量 e、算子 d 等均成为斜体，应当在公式输入好后选中它们，并单击公式编辑器菜单栏样式文字来将它们该为正体。当然，样式中的选项还可以修饰诸如矩阵这样的符号。
- 使用公式编辑器在文件中输入的文字格式特殊，不易修改而且会破坏文件原有的行间距使文本不美观。因而若非根式，积分等难以输入的公式，请慎用公式编辑器。若不得不使用，请最好使该公式单独成行。
- WPS Office 中的公式编辑器功能单一，推荐下载 MathType（系原公式编辑器的官方升级版本）。使用方法一样，功能更强大。
- 由于公式编辑器使用了特殊的字体，因而若需打印或传递文件请输出成嵌入字体的 PDF 文件或确保对方也安装了公式编辑器。

　　相信大家通过阅读本文，对理科字符、公式排版有了一定的了解。大家排版的过程中如果时常有意识将排版效果接近于教科书或正式出版物，这些排版规则是容易熟练掌握的。

技巧4

WPS Office 公式编辑器的进阶使用

作者：卢鹏

理科教师往往为试卷、课件里面很多公式而头痛。时常用"拼接大法"，用一个文本框组合成复杂的公式。其实 WPS Office 提供了一个功能强大的公式编辑器 Equation Editor，可以帮助我们解决这些问题。

1. 插入公式。

将光标放置于欲插入公式的位置，单击菜单栏"插入"→"公式"，或单击常用工具栏的"公式"按钮即可调出 Equation Editor 公式编辑器，如图 1 所示。

大家可以通过手工输入，并配合点选数学符号即可得到所需公式，并保存在文档中。在此不再赘述。

2. 尺寸更改。

使用公式编辑器时往往使用默认设置，即该公式的字号是一成不变的。若正文字号更改，譬如作为标题使用 3 号字，我们就需要按图片方式进行缩放，较为麻烦。

其实公式编辑器提供了更改尺寸的设置。打开公

▲ 图 1 公式编辑器界面

▲ 图 2 "尺寸"设置对话框

式编辑器菜单栏"尺寸"→"定义"即可更改输出公式的尺寸，如图 2 所示。

其默认是"标准"为"12 磅"，这里的磅是指西文的字号，亦即 WPS 字号设置中的阿拉伯数字，而中文字号"五号"相当于"10.5 磅"。这也就是使用时插入的公式往往会撑大了正文的行距的原因——正文和公式的字号不一致。

所以使用公式时需要根据正文字号来更改公式字号。由于公式字号全为西文字号，其与中文字号对应关系需查阅"http://zh.wikipedia.org/zh-cn/ 字号"取得。同时其中"上下标"等均要与"标准"的字号成比例，如表 1 提供一些常用的尺寸设置。

表 1　公式编辑器常用尺寸

	小五	五号	小四	四号	小三	三号	小二	二号	小一	一号
标准	9.00	10.50	12.00	14.00	15.00	16.00	18.00	21.00	24.00	27.50
上下标	5.25	6.10	7.00	8.20	8.75	9.30	10.50	12.25	14.00	16.00
次上下标	3.75	4.40	5.00	5.80	6.25	6.70	7.50	8.75	10.00	11.50
符号	13.50	15.75	18.00	21.00	22.50	24.00	27.00	31.50	36.00	41.25
次符号	9.00	10.50	12.00	14.00	15.00	16.00	18.00	21.00	24.00	27.50

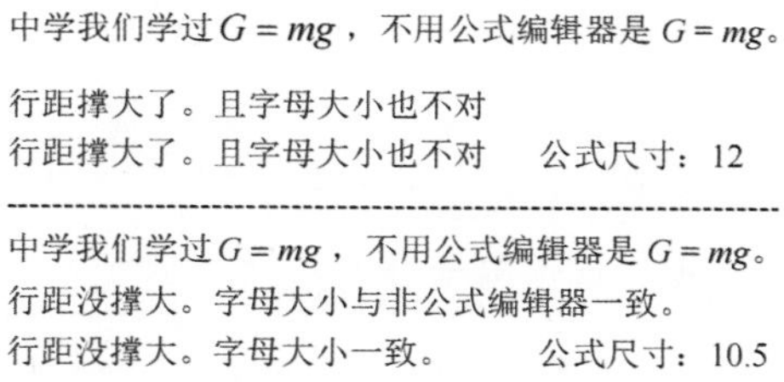

中学我们学过 $G = mg$,不用公式编辑器是 $G = mg$。

行距撑大了。且字母大小也不对
行距撑大了。且字母大小也不对　公式尺寸:12

中学我们学过 $G = mg$,不用公式编辑器是 $G = mg$。
行距没撑大。字母大小与非公式编辑器一致。
行距没撑大。字母大小一致。　公式尺寸:10.5

▲ 图 3　在正文五号字下不同公式插入后的打印效果

从图 3 也可以看出,在正文字号为"五号"情况下公式尺寸为"10.5 磅"恰到好处。

3. 字体更改。

有时在公式中需要注释些中文或一些西文词语。但是公式编辑器默认中文是宋体,西文会自动倾斜并不适合所有情况。这就需要用到公式编辑器另一个功能——"样式"了。

如图 4 所示,打开菜单栏"样式"→"定义",可以通过调整来改变公式中文字的字体。

比如把"全角文字"(也就是汉字)改为黑体,则输入的汉字都变为黑体了。

有时由于有特殊含义,需要把公式中的某些西文字符的倾斜取消,譬如物理单位就不能使用斜体,则需要选中该字符,单击"样式"→"文字"来恢复正体,如图 5 所示。

▲ 图 4　"样式"设置对话框

▲ 图 5　"样式"设置对话框

4. 公式对齐。

使用公式编辑器时,有时希望两行长度差别较大的公式能统一用公式中的某个位置(比如等号)对齐,如图 6 所示。

$$f = ma$$
$$\int f(x)\mathrm{d}x = F(x) + C$$

▲ 图 6　公式对齐

有两种方法。

(1)使用"格式":选中菜单栏"格式"中相应的对齐方式,如图 7 所示,缺点是无法自主设置。

(2)使用"对齐方式符号":单击工具栏上"间隔和省略号"按钮组中的"对齐方式符号",可以在光标处插入对齐符号(形如三角形),各行的对齐符号均会自动对齐,如图 8 所示。

▲ 图 7　"格式"工具栏

▲ 图 8　"对齐方式符号"

5. 公式移动。

输入公式后想要移动公式，如果仅仅使用鼠标拖动，则公式会自动又嵌入到拖动到位置附近的文字段落中而没有到指定位置。这是由于公式默认的图片格式的缘故。

右键单击所选公式，在弹出的菜单中选择"设置对象格式"选项，选择"版式"选项卡，如图 9 所示。

▲ 图 9 "设置对象格式"中"版式"选项卡

其设置方式同普通图片一致。

嵌入型用于将公式植入正文之中，上下型用于使公式独立成行，四周型和紧密型用于使文字环绕公式（此时公式可以自由移动）。

6. 段落对齐。

有时公式插入后，其位置会偏离正文的中线而上移或下移，如图 10 所示。这是我们就需要将其对齐。

初中我们已经学过 $G = mg$，其中 $g = 9.8 \text{N/kg}$。

▲ 图 10 公式偏离正文中线下移

可以通过设置该段文字的段落格式来使公式恢复整齐。选中该段文字，右键单击选择"段落"选项，再选择"换行和分页选项卡"，如图 11 所示。

▲ 图 11 "段落"中的"换行和分页选项卡"

其中的"文本对齐方式"正是我们需要更改的。对齐方式中一共列出了 5 种文本对齐方式，由于导致公式没有对齐的原因较多，需要使用不同的对齐方式解决，故该处需要大家自行尝试。如图 12 所示，即"文本对齐方式"调节后得到的矫正段落。

初中我们已经学过 $G = mg$，其中 $g = 9.8 \text{N/kg}$。

▲ 图 12 矫正后的正文公式位置

如果大家还需要将公式更改颜色等更为高级的功能，可以使用 WPS 公式编辑器的升级版本 Mathtype。

使用 WPS 制作
小学语文试卷技巧详解

作者：李月林

十年前刚刚参加工作时，计算机还只是刚刚开始普及，教务处把期末考试的卷子交给我打印出来——因为我是计算机老师。当时感觉打印一份试卷对于我来说没有难度，可到真正去做的时候，才发现不是自己想像中的那样。下面就结合自己多年来制作试卷时的经历来介绍如何使用 WPS 制作一张语文试卷。

首先进行页面设置选择"文件"菜单中的"页面设置"菜单项（或双击标尺），然后根据自己的习惯，一般是设置成横向8开纸，分左右两栏，页边距如图1所示。

▲ 图1 页面设置对话框

1. 录入汉语拼音。

低年级的语文试卷要给问题加上汉语拼音，如果用插入符号一个个录入，将浪费很多时间和精力。有没有解决的办法呢？以前使用汉字转拼音的小软件转换后，复制到试卷中，还要调整行间距。在 WPS 中就不用这么麻烦了，使用中文版式中的"拼音指南"功能就可以。

先选中要添加拼音的内容，选择"格式"→"中文版式"菜单项下的"拼音指南"子菜单，打开"拼音指南"对话框，如图2所示。

▲ 图2 拼音指南设置对话框

设置偏量为6，拼音字号为12，其他选项默认，单击"确定"按钮。这样就可录入需要的汉语。

2. 制作田字格。

低年级的语文试卷，汉字的书写检查是教学中重要一个环节，如何在试卷中插入田字格有许多方法，这里使用自选图形制作如图3所示的田字格。

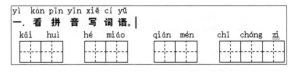

▲ 图3 制作好的田字格样式

在文档中绘制两个矩形，选择"设置对象格式"中的"大小"选项卡，分别设置一个矩形的宽和高为10mm，另一个矩形的宽和高为5mm，如图4所示。

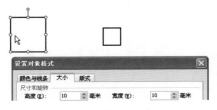

▲ 图 4 设置对象格式

放大文档显示比例为 "200%"，调整两个正方形的一个顶角和两条边重合，如图 5 所示。

通过小正方形的另两条边画两条长度为 10mm 的虚线，删除小的正方形，组合两条虚线和大正方形，所得图形如图 6 所示。

▲ 图 5 大小正方形的一个顶角和两条边重合   ▲ 图 6 做好的田字格

田字格制作完成，复制田字格到需要的位置，多个田字格可以使用 "绘图" 工具栏中的 "对齐或分布" 菜单中的命令对齐，如图 7 所示。

▲ 图 7 使用 "对齐或分布" 命令调整田字格

3. 添加写话（作文）"纸"。

根据纸张大小（宽 368mm）、页边距（左右和装订线各 20mm）和栏宽，在试卷最后插入一个两行 15 列（列宽 10mm）的表格，如图 8 所示。

▲ 图 8 插入表格

在表格中单击鼠标右键，在弹出的菜单中选择"表格属性"菜单项，调整第一行高度为4mm，第二行高度为10mm，行高值是"固定值"。

同时选中两行，在表格下复制、粘贴出需要的字格数，如图9所示。

▲ 图9　粘贴足够的字格

4. 制作密封线和试卷头。

选择"视图"菜单中的"页眉和页脚"菜单项，进入"页眉和页脚"编辑状态，插入一个文本框，输入"密封线"3个字，并调整到合适的位置。在文本框上单击鼠标右键，在弹出的菜单中选择"设置对象格式"，在"填充颜色"后，单击选择"填充效果"，选择"图案"选项卡中的"浅色下对角线"，单击"确定"按钮，线条选择"无填充颜色"。在"文本框"选项卡中勾选上"允许文字随对象旋转"，单击"确定"按钮退出，如图10所示。

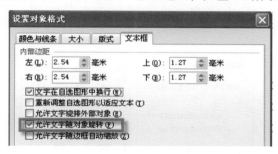

▲ 图10　设置对象格式

选中文本框，把光标放到文本框正上方的绿色调整点上，按下Shift键旋转这个文本框，可以较好地定位到左旋90度的位置，"密封线"制作完成，如图11所示。

▲ 图11　制作好的密封线

同样的方法制作试卷头内容：姓名、班级、学号、成绩等。再根据试卷内容的多少，适当调整行间距，使整个试卷看上去更协调。

批量输入拼音，制作田字格、写话（作文）纸、试卷头和密封线等内容，是制作一份语文试卷中较难的部分，把这些技巧掌握好之后，就可以制作出一张比较标准的语文试卷了。

技巧 6 作文格的制作

作者：刘帮平

在语文考试中，每次都会有作文题，那在试卷制作时，如何制作作文格呢？最简单的办法就是利用 WPS 稿纸设置来制作。

一、通过稿纸设置制作

新建一个文档，然后单击菜单"格式—稿纸设置"，在弹出的稿纸设置对话框中，做好相应设置，如图 1 所示。

▲ 图 1 稿纸设置

这里可以设置稿纸的规格和网格的类型及颜色。另外，纸张的大小也是在这里设置，如果之前设置了纸张大小和纸张方向，也会以这里的设置为准。图中按中文习惯控制首尾字符和允许标点溢出边界是什么意思呢？因为有些中文字符是不允许出现在一行的开头或结尾的，所以，通过这个设置可以避免标点不规范的情况发生。

二、使用表格制作作文格

使用稿纸设置来制作作文格有一定的局限性，稿纸设置本来就是为输出稿纸设计的，他的页边距也无法更改。下面我们用表格来制作作文格。

1. 单击菜单"表格"→"插入"→"表格"，弹出如图 2 所示的对话框。将列数设置为 20，行数设置为 2。

2. 设置单元格大小。选中表格第一行，然后单击鼠标右键，单击表格属性，在表格属性对话框中，将行高和列宽都设置为 8 毫米，行高值选择固定值，如图 3 所示。

▲ 图 2 设定表格行数和列数

▲ 图 3　将行高值设为"固定值"

接下来，选中表格第二行，将其合并，重复上述步骤，将行高设置为 2 毫米，行高值一定要选择固定值，否则得不到想要的效果，如图 4 所示。

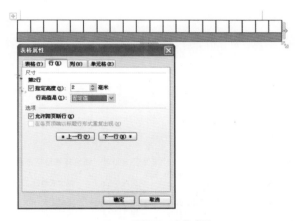

▲ 图 4　重复图 3 中的步骤

3. 复制表格。选中两行表格，通过"Ctrl+C"组合键复制表格，然后按"Ctrl+V"组合键粘贴表格，根据需要粘贴即可，如图 5 所示。

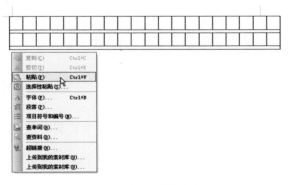

▲ 图 5　复制表格并粘贴

巧制电脑自动批改的电子试卷

作者：刘帮平

当今社会，计算机应用到各个领域，考试也直面这种发展趋势，正在逐步抛弃传统的试卷纸加笔的考试模式，转向采用键盘、鼠标加屏幕的考试模式，这种模式就是无纸化考试。同时，采用无纸化考试不仅可以节约资源，而且教师改卷的工作量也大大减轻。用电子试卷实行无纸化考试就是很好的一个尝试。其实，在没有专业的考试系统的情况下，利用 WPS 电子表格提供的公式，在局域网中也可以实现无纸化的考试，教师只需制作好电子试卷，让学生上机解答，让电脑来自动批改。这样的电子试卷，一般仅支持选择、判断、填空等客观性试题。现在，我们可以用 WPS 文字来制作一份电子试卷，来共同体验无纸化考试的神奇与便捷。

一、在 et 表格中制作好试卷备用，本文使用的是一份含有 10 道客观题的语文试卷。

样例位置：光盘／第四章 技巧 9 巧制电脑自动批改的电子试卷／样例／电脑自改试卷 .et 试卷样式见下图（图 1）。

5	密 封 线	
6	题号	题 目
7	一、	选择题。在下列选项中，只有一个是最符合题意，请选择最符合题意的字母。每小题
8	1	下列词语中加色的字，读音全都正确的一组是 A. 间不容发(fā)　素面朝天(cháo)　色厉内荏(rěn)　前倨后恭(jù) B. 物极必反(jí)　左辅右弼(bì)　素裹其人(nián)　广袤无垠(máo) C. 言简意赅(gāi)　无稽之谈(jī)　臧否人物(zàng)　不虞之誉(yú) D. 戮力同心(lù)　犯而不校(jiào)　颐指气使(yí)　恪守不渝(kè)
9	2	选出下列词语中没有错别字的一组 A. 迷底　臆测　怙恶不悛　自怨自艾　　B. 暇疵　装璜　舐犊情深　并行不悖 C. 翘首　溽暑　负隅顽抗　曲尽其妙　　D. 悃忖　杳然　食不裹腹　按奈不住
10	3	下列句子中加色的词语使用正确的一句是 A. 作者多年积聚着的质朴纯美的情和爱，汩汩地从笔端流淌出来。 B. 他对年迈的父亲这样粗暴无礼，真让老人心寒齿冷，欲哭无泪。 C. 各国代表经过充分商榷，选出了本次大会的主席团成员。

▲ 图 1　样例试卷

可选择对题目和选项添加不同的颜色，使制作出来的试卷更漂亮。

二、输入计算得分的公式，即每一道题目的正确答案。

1. 在 D 列中输入标准答案。

2. 在 E8 中"照葫芦画瓢"地输入下列公式（不含中文双引号）："=IF（C8=""，"没做"，IF（AND（C8<>""，C8=D8），$C$7，0）)"。

小提示

① 公式必须使用英文符号。

② 公式意思是，如果什么都不填则显示"没做"，如果解答与标准答案相同，则读取该小题的得分（写在题目后的 C7 单元格中），否则计 0 分。

③ 公式中的"$"不可省略，最后一个"0"也不可省略。

3. 输入完以上公式后回车，即可自动得出本题的得分情况。此后，双击鼠标左键（如果你愿意，也可以用"拖拉大法"）在 E8 单元格右下角的控点（是一个小黑十字方块），即可自动得出全部题目的得分了，如图 2 所示。

▲ 图2　计算得分

三、计算总分数

在"分数"的后面，单击鼠标左键，选择 D4 单元格（即要计算总分的单元格），输入下列公式"=SUM（E8:E17）"，如图 3 所示。

▲ 图3　计算总分数

小提示

公式中的"E"为各小题得分所在列的列号，E8、E17 分别为第一题和最后一题的得分所在的单元格，具体字母、数字根据实际情况而定。

四、隐藏和锁定数据

1. 隐藏敏感数据。在发给学生作答之前，有些数据是需要隐藏的，例如答案、小题得分、总分数等。选中需要隐藏的区域，在右键菜单中选"设置单元格格式"的"数字"选项卡，分类选择"自定义"，类型输入 3 个英文分号"；；；"，之后切换到"保护"选项卡，勾选"隐藏"，完成后单击"确定"按钮返回，如图 4 所示。

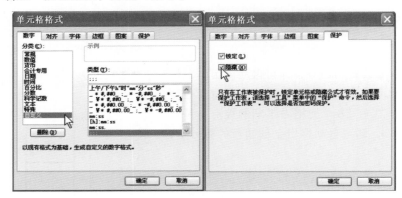

▲ 图 4　隐藏敏感数据

2. 锁定题目区。通过锁定，使学生在作答时只能在答题区写答案，防止胡乱操作给试卷中的公式计算造成混乱。用 Ctrl+ 鼠标点选需要开放操作的区域（考生信息区和答题区），在右键菜单中选"设置单元格格式"，点选"保护"选项卡，勾消"锁定"，单击"确定"按钮返回，如图 5 所示。

▲ 图 5　锁定题目

> **小提示**
>
> ① 因为 WPS 表格的单元格默认是锁定的，所以我们只需对开放的单元格进行"取消锁定"即可。
>
> ② 按住 Ctrl 键的目的，是为了同时选中多个不连续的对象（此处为单元格）。

3. 执行"工具→保护→保护工作表"的菜单命令，打开"保护工作表"对话框，勾选第二个允许输入密码，单击"确定"按钮返回，如图 6 所示。

▲ 图 6 保护工作表

五、文件存盘

对于 WPS，有两种存储方式：本地和在线存储，如图 7 所示。
试卷整体效果预览，如图 8 所示。

▲ 图 7 文件存盘

▲ 图 8 试卷效果

这样，一份电脑自批改的电子试卷就完成了。试验看看，只有答题区是可以操作的，而隐藏的地方一片空白，从表面上看不出是有隐藏数据的。

六、考试与评卷

1. 考试。将电子试卷通过网络、移动存储设备等分发给学生。学生在 WPS 表格下打开，将自己的答案填入"解答"栏下面的对应单元格中（填入的字母，大小写均可）。作答完毕后以学生自己的学号另存。

2. 收卷。将学生答卷发送到教师机的指定共享文件夹（网络环境下）或逐一收集学生的答卷文件（单机）。

3. 评卷。教师用 WPS 表格打开学生答卷文件，单击"工具→保护→取消工作表保护"，之后，单击 D4 单元格（即记录总分所在的单元格）重新设置"数字"为"常规"，即可查看该试卷的考试成绩，如图 9 所示。

▲ 图9 评卷

一般情况试卷的总分都是 100 分，教师在出题的时候就得计算好每道题的分值，可如果试卷总分并不定为通用的 100 分，如何才能快速准确地计算出试卷的总分呢？这里我们可以利用书签和公式来完成计算，具体方法如下。

WPS Office

5

制作演示课件

本章主要介绍各位教师用户使用 WPS 2010 的演示组件 （WPP） 制作教学课件的实例技巧， 其中关于动画设置和触发器技巧在论坛中的查询度非常高， 如果你是一位正在为制作出足够吸引力的课件而头疼的教师朋友， 这一章不可错过。

巧用 WPS 演示模拟密码键盘

作者：刘玉岗

在实际工作中，为了达到良好的教学效果，老师往往不希望同学们在课前乱动自己的课件。为了实现这一目的，我们可以在课件的前面加上一个密码键盘，这样，就可以有效地防止这一情况的发生。

在这里，我们设置的密码为"321"。下面就我制作"密码键盘"的具体过程予以介绍。

1. 启动 WPS 2010，单击"文件 / 新建"菜单命令，新建一演示文稿，在"单击此处添加第一张幻灯片"处单击添加一张幻灯片，然后将幻灯片中的所有文本框删除。

2. 单击"绘图"工具栏上的"自选图形"工具，选择"基本形状 / 圆角矩形"按钮，这时鼠标光标指针变成一个实心十字，在幻灯片编辑窗口上单击，出现一个圆角矩形，右击矩形，在弹出的快捷菜单中选择"添加文字"命令，在键盘上输入"1"；选中矩形并设置字体为"黑体"，字号为"40"。完成后复制 3 个备用，依次更改后面 3 个矩形内的数学分别为"2"、"3"、"4"。根据 WPS 的命名规则，这 4 个矩形的默认名称分别为"圆角矩形 20：1"、"圆角矩形 21：2"、"圆角矩形 22：3"、"圆角矩形 23：4"。全部选中这 4 个矩形，单击"绘图"工具栏左端的"绘图"工具，选择"对齐或分布 / 顶端对齐"命令，接着再次单击"绘图 / 对齐或分布 / 横向分布"命令。

然后分别复制"圆角矩形 20：1"、"圆角矩形 21：2"，它们的默认名称为"圆角矩形 24：1"、"圆角矩形 25：2"，如图 1 所示。

▲ 图 1　制作圆角矩形

3. 使用"绘图"工具栏上的"矩形"工具，在编辑窗口绘制一个矩形，大小要略大于上面横排的 4 个矩形。双击新添加的矩形，打开"设置对象格式"对话框，选择"颜色与线条"选项卡，单击"填充"选项区"颜色"选项右侧的下拉按钮，在弹出的快捷菜单中选择红色，如图 2 所示。

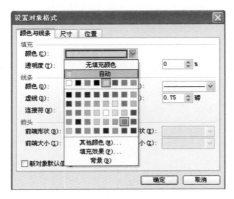

▲ 图 2　将填充颜色设置为红色

4. 选中矩形"密码错误！"并右击鼠标键，在弹出的快捷菜单中选择"自定义动画"命令，打开"自定义动画"任务窗格，然后单击该窗格中的"添加效果"按钮，选择"进入 / 其他效果"命令，打开"添加进入效果"对话框，在"基本型"列表中选择"出现"效果，单击"确定"按钮退出，如图 3 所示。

接下来设置矩形"密码错误！"的动画计时选项：单击窗口右侧自定义动画任务窗体中动画列表中第一项（目前仅有一项）右端的下拉按钮，选择"计时"，如图 3 所示。在弹出的"出现"对话框的"计时"选项卡下，单击"触发器"按钮，选中下面的"单击下列对象时启动效果"前的单选框，在其右侧的下接选项区中选择"圆角矩形 20：1"，如图 4 所示。单击"确定"按钮。

▲ 图3 将动画效果设定为"出现"

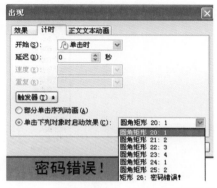

▲ 图4 选择密码错误时所对对应的图形选项

用同样的方法再次为矩形"密码错误！"添加"出现"动画，并在其"计时"选项中，在"计时"选项卡下，设置"触发器"为"圆角矩形 23：4"。

5. 选中"圆角矩形 25：2"，在"自定义动画"任务窗格中单击"添加效果"按钮，选择"进入 / 出现"，在动画列表中单击"圆角矩形 25：2"右端的下拉按钮，选择"计时"命令，在弹出的"出现"对话框的"计时"选项卡下，单击"触发器"按钮，选中下面的"单击下列对象时启动效果"前的单选框，在其右侧的下接选项区中，选择"圆角矩形 22：3"，单击"确定"按钮。

用类似的方法为"圆角矩形 24：1"添加"出现"动画并设置其"触发器"为"圆角矩形 25：2"。

6. 右击"圆角矩形 24：1"，在弹出的快捷菜单中选择"动作设置"，打开"动作设置"对话框，在"单击鼠标"选项卡下，选中下面的"超链接到"前的单选框，此时默认的为超链接到"下一张幻灯片"不做改动，如图 5 所示。单击"确定"按钮退出。

按住"Ctrl"键选中"圆角矩形 20：1"和复制的"圆角矩形 24：1"，在"绘图"工具栏的左端单击"绘图"工具，选择"对齐或分布 / 顶端对齐"（以上面排列好的 4 个矩形为基准），然后再次单击"绘图"工具，选择"对齐或分布 / 左对齐"，这时它们重叠在一起了。用同样的方法把"圆角矩形 21：2"和复制的"圆角矩形 25：

▲ 图5 动作设置

2"也重叠在一起。

接下来选中矩形"密码错误！"并将其移动到圆角矩形上面。

7. 单击"插入／新幻灯片"菜单命令插入一张幻灯片，单击"单击此处添加标题"，然后输入"欢迎使用本课件！"，并设置好字体、字号和颜色等项目。

8. 选中第一张幻灯片，接着单击窗口右侧"幻灯片版式"下拉按钮，选择"幻灯片切换"命令，打开"幻灯片切换"任务窗格，在"换片方式"区，取消"单击鼠标时"前面的勾选，选中"每隔"前面的复选框，在其输入框中输入"23：59：59"，然后单击下面的"应用于所有幻灯片"按钮，如图6所示。

▲ 图6 设定间隔时间并将其应用于所有幻灯片

9. 在菜单栏单击"幻灯片放映／设置放映方式"命令，打开"设置放映方式"对话框，在"放映类型"选项区选中"在展台浏览（全屏幕）"项，在"换片方式"选项区选中"手动"项，单击"确定"按钮，如图7所示。

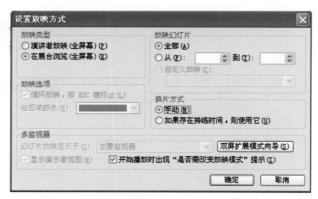

▲ 图7 设置好放映方式

现在，整个密码键盘就制作完成了，按下F5快捷键，体验一下触发器的魅力吧。

课件特效之触发器的使用

作者：周运来

WPS 演示不仅能制作简单的课件动画，还可以制作比较复杂的动画。本节就给大家介绍如何在 WPS 演示中制作判断题智能交互课件。

要在 WPS 演示中制作判断题交互课件，需要使用到 WPS 演示的触发器功能。

第 1 步 在空白幻灯片上插入判断题、选择项和两个标注框。一个标注框中输入"你真棒"，一个标注框中输入"不对，再想想"，效果如图 1 所示。

▲ 图 1 在两个标注框中输入提示文字

第 2 步 选择"你真棒！"标注框，选择"自定义动画"→"添加效果"→"退出"→"渐变"，设置"开始"为"之前"，用同样的方法设置"不对，再想想！"对话框。

第 3 步 选择"你真棒！"标注框（椭圆形标注体 17），选择"自定义动画"→"添加效果"→"进入"→"圆形扩展"，如图 2 所示，"开始"为"单击时"，"方向"为"内"，选择"自定义动画"窗格中的第二个椭圆形标注体 17，单击右侧下拉按钮，选择"计时"命令。单击"触发器"，选择"单击下列对象时启动效果"，单击对象选择"文本框 16 B：错误"单击"确定"按钮，完成设置。

第 4 步 选择"不对，再想想！"标注框（椭圆形标注体 18），选择"自定义动画"→"添加效果"→"退"→"渐变"，"开始"为"之前"，选择"自定义动画"窗格中的第二个椭圆形标注体 18，单击右侧下拉按钮，选择"计时"命令。单击"触发器"，选择"单击下列对象时启动效果"，单击对象选择"文本框 16 B：错误"，单击"确定"按钮，完成设置。

▲ 图2 设置触发器和动画效果

第5步 选择"不对，再想想！"标注框（椭圆形标注体18），选择"自定义动画"→"添加效果"→"进入"→"圆形扩展"，"开始"为"单击时"，"方向"为"内"，选择"自定义动画"窗格中第三个椭圆形标注体17，单击右侧下拉按钮，选择"计时"命令。单击"触发器"，选择"单击下列对象时启动效果"，单击对象选择"文本框15 A：正确"，单击"确定"按钮，完成设置。

第6步 选择"你真棒！"标注框（椭圆形标注体17），选择"自定义动画"→"添加效果"→"退出"→"渐变"，"开始"为"之前"，选择"自定义动画"窗格中第三个椭圆形标注体17，单击右侧下拉按钮，选择"计时"命令。单击"触发器"，选择"单击下列对象时启动效果"，单击对象选择"文本框16 B：错误"，单击"确定"按钮，完成设置。

第7步 同时选中"A：正确"和"B：错误"两个文本框，使用"绘图"→"对齐或分布"中的命令把这两个文本框对齐并居中。单击"保存"按钮，进行保存。

说 明

① 本框16的退出和文本框17的退出的"开始"必须设置为之前，否则效果难以实现。

② 文本框16的进入动画和文本框17的退出动画必须同步，文本框17的进入动画和文本框16的退出动画也必须同步，否则效果不能正确显现。

妙用 WPS 模拟演示物体
常见的运动效果

作者：孙少辉

物理教师在制作课件时，常常需要设法演示物体的各种运动，灵活运用 WPS 演示的自定义动画，可以生动模拟物体各类运动的效果。

一、物体沿直线加速、减速、匀速运动的效果

1. 以小球向右做直线运动为例，单击"绘图"工具栏里的"椭圆"按钮，鼠标指针变为十字形，按住 Shift 键在幻灯片上拖动鼠标光标绘制出一个圆形后，设置其填充效果即可得到一个小球，如图 1 所示。

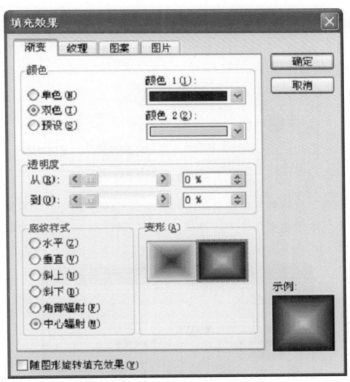

▲ 图 1　设置小球的渐变填充效果

2. 在小球上单击鼠标右键，在弹出的快捷菜单中单击"自定义动画"命令，在屏幕右侧的"自定义动画"任务窗格中，依次单击"添加效果"→"动作路径"→"向右"，即可预览到小球向右运动的动画效果，如图 2 所示。

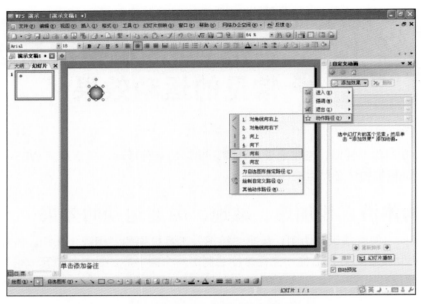

▲ 图 2 设置小球向右运动的动画效果

3. 现在我们已经为小球添加了向右运动的动画效果。单击动画路径，路径两端会出现两个圆形控制点，按下 Shift 键同时向右拖动路径末端的控制点可以调整运动路径的长度，如图 3 所示。

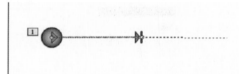

▲ 图 3 调整小球运动路径

4. 在"自定义动画"窗格里，单击动画序列窗口中"椭圆 20"选项右侧的下拉箭头，在弹出的下拉菜单中单击"效果选项"命令，弹出"向右"对话框，可以通过修改相关参数调整小球的运动模式，如图 4 所示。

▲ 图 4 修改相关参数调整小球的运动模式

二、物体沿特殊路径运动的效果

有时我们需要让物体沿特定的路径运动，在 WPS 演示中也可以轻松实现。

1. 仍以小球为研究对象，选中小球后，在屏幕右侧的"自定义动画"任务窗格中，依次单击"添加效果"→"动作路径"→"其他动作路径"项，如图 5 所示。

在弹出的"添加动作路径"对话框中可以看到 3 大类 64 种预设动作路径，单击其中的一种"正弦波"，如图 5 所示。

▲ 图 5 设置"正弦波"

即可预览到小球沿正弦波形运动的动画效果。单击小球的运动路径，拖动周围的控制点，可以调整路径的形状，如图 6 所示，具体播放效果请参考范例文件 3_ 正弦波 .ppt。

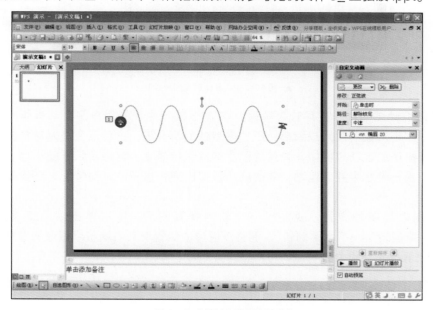

▲ 图 6 拖动控制点调整路径形状

 技巧 3 妙用 WPS 模拟演示物体常见的运动效果

三、物体的伸缩运动

下面以弹簧振子的制作为例介绍一下物体伸缩动画的制作。

1. 绘制弹簧：单击"插入"菜单下的"表格"命令，插入一个 2 行 25 列的表格，调整表格的形状后，如图 7 所示，单击右侧"表格样式"窗格底部的"清除表格样式"按钮，我们将以该表格为辅助线，完成弹簧的绘制。

2. 依次单击"绘图"工具栏里的"自选图形"→"线条"→"任意多边形"命令，如图 8 所示。

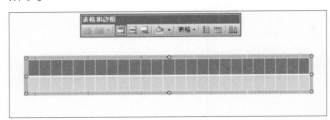

▲ 图 7　调整表格形状

▲ 图 8　任意多边形

以表格中的交叉点为参照，绘制出一条弹簧后，如图 9 所示，删除表格并调整弹簧的形状。

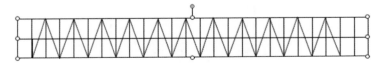

▲ 图 9　绘制弹簧线

3. 利用 WPS 演示的基本绘图功能完成其他附属图形的绘制，如图 10 所示。

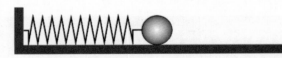

▲ 图 10　完成其他附属图形绘制

4. 弹簧伸缩动画的制作过程较为烦琐。在 WPS 演示中，利用自定义动画里的"放大／缩小"效果可以实现对象的放大或缩小，不过在默认的情况下，这种形变是以对象的中心为基准的。而在弹簧振子的运动过程中，弹簧的固定端应保持静止，自由端则要随小球一起运动，而且这种运动还是一种水平变速运动。要想成功模拟出弹簧振子的运动情况，还需要进行一系列特殊设置。

5. 选中刚才绘制的弹簧，复制出一个新的弹簧图形，依次单击绘图工具栏里的"绘图"→"旋转或翻转"→"水平翻转"，调整该图形的位置使其右端与原图形的左端重合，如图 11 所示。并将其线条色设为无色后，将两根弹簧组合，如图 12 所示。

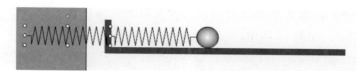

▲ 图 11　将两根弹簧组合

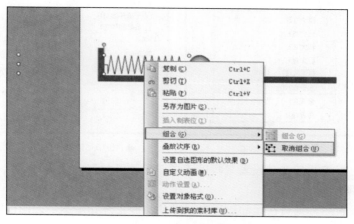

▲ 图 12　组合两根弹簧图形

6. 选中组合图形，单击鼠标右键，在弹出菜单中单击"自定义动画"，在屏幕右侧的"自定义动画"窗格中依次单击"添加效果"→"强调"→"放大或缩小"命令，如图 13 所示。

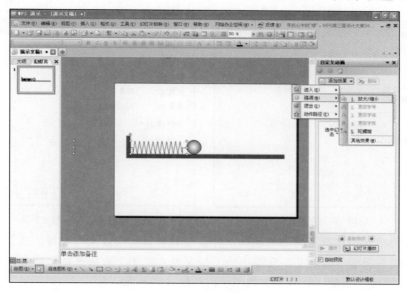

▲ 图 13　处理小球图形

预览动画效果发现，此时弹簧在伸长的同时还会变粗，因此，我们还需对相关参数进行修改。单击自定义动画"组合 80"右侧的下拉箭头，在弹出菜单中单击"效果选项"命令，弹出"放大"→"缩小"对话框，单击"尺寸"标签右侧的下拉箭头，在弹出菜单中单击"水平"选项，如图 14 所示。

再次单击"尺寸"标签右侧的下拉箭头，在弹出菜单中将自定义选项右侧文本框里的"150%"改为"200%"，如图 15 所示。

▲ 图 14　单击"水平"选项

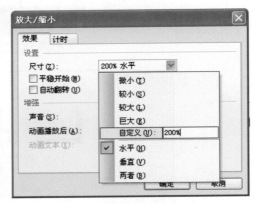

▲ 图 15　把数字由 150% 改为 200%

单击回车键，接着再勾选"设置"标签下方"平稳开始"、"平稳结束"、"自动翻转"3 个复选项，如图 16 所示。

经过这样的设置后，弹簧在运动过程中，将会从静止开始沿水平方向伸缩，且最终长度为原长度的 200%。

7. 继续在"放大"→"缩小"对话框中进行操作。单击顶部的"计时"标签，设置动画的开始时间为"之前"，动画速度为"慢速（3 秒）"，动画"重复"次数为"直到幻灯片末尾"，如图 17 所示。

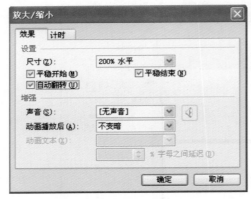

▲ 图 16　勾选下列选项

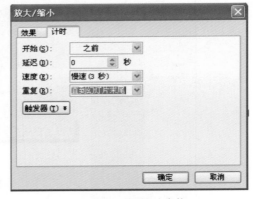

▲ 图 17　设置相应参数

8. 接下来为小球添加向右运动的动画，并仿照对弹簧动画效果的设置，在自定义动画列表中单击椭圆选项右侧的下拉箭头，在弹出的下拉菜单中单击"效果选项"命令，在弹出的"向右"对话框里，勾选"设置"标签下方的"平稳开始"、"平稳结束"、"自动翻转"复选项后，将小球动画的开始时间设为"之前"，动画速度设为"慢速（3 秒）"，动画"重复"次数设为"直到幻灯片末尾"。

9. 预览动画效果并反复调整小球运动路径的长度，使之与弹簧的伸展情况相匹配后，选中弹簧组合，将其置于其他对象底层，如图 18 所示，即可完成弹簧振子的制作（具体播放效果请参考范例文件 6_ 弹簧振子 .ppt ）。

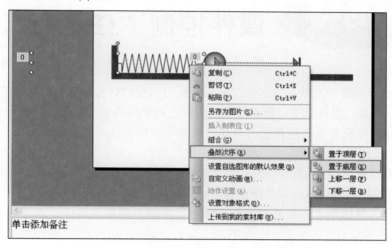

▲ 图 18 设置小球运动路径

用 WPS，课件控制"任我行"

作者：李月林

WPS 演示制作的课件，默认状态是"单击鼠标"切换幻灯片。这个功能本来是很方便控制幻灯片播放的。但是，在课堂上，教师即要按照自己的思路为学生"传道、授业、解惑"，又要分出精力来控制课件配合自己的教学，有些时候会手忙脚乱，不该出来的页面会提前出来……特别是刚刚走上三尺讲台的老师。

为此，我专门使用 WPS 演示中的"动作按钮"的功能，制作了一个控制课件播放的按钮。类似于录音机的按钮，可以很方便的播放课件，方法如下。

选择"绘图工具栏"上"自选图形"按钮，在弹出的菜单中选择"更多自选图形"命令，如图 1 所示。

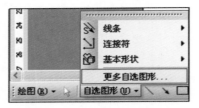

▲ 图 1 选择"更多自选图形"项

在"自选图形"窗格中拖动右侧的滑块，找到"动作按钮"图形，如图 2 所示。

▲ 图 2 找到"动作按钮"图形

鼠标光标停在其中的一个"按钮"图形上，会显示该"按钮"默认的功能，如图 3 所示。

▲ 图 3 显示默认的功能

单击"第一张"动作按钮，鼠标指针变成"+"形状，在幻灯片中拖动，松开鼠标键后，自动弹出"动作设置"对话框，并默认"超链接到第一张幻灯片"，如图 4 所示。

单击"确定"按钮，就制作完成一个控制按钮。为了更好地提醒老师此按钮的功能，可以在鼠标光标移过的时候播放音效。在"动作设置"对话框中选择"鼠标移过"选项卡，单击"播放声音"前的复选框，选择"[无声音]"后的按钮，打开下拉列表，找到合适的声音，也可以自己用麦克风录制提示音，保存成 WAV 格式，在列表中选择"其他声音"命令，找到自己录制的声音，单击"确定"按钮。当鼠标光标移过这个按钮时，就会播放选择的声音，提示教师不要做出错误的操作，如图 5 所示。

▲ 图 4 动作设置　　　　　　　　　　　▲ 图 5 设置声音项

用同样的方法制作出"下一页"、"上一页（后退）"、"最后一页"、"退出"（使用自定义，添加上文字，超链接到选择"退出幻灯片"）等按钮。也可以根据自己授课的需要，添加跳转到指定页面的按钮。

按住"Shift"键，单击鼠标左键选择中这些按钮，选择"编辑"中的"剪切"菜单项，把这些按钮保存到剪切板。

选择"视图"→"母版"→"幻灯片母版"菜单项，打开"幻灯片母版视图"。选择"编辑"中的"粘贴"菜单项，把这些按钮粘贴到母版和标题母版上，就可以在每张幻灯片上看到这些按钮。

还有最重要的一步：选择"幻灯片放映|幻灯版切换"菜单项，在任务窗格中出现"幻灯片切换"窗格，单击"换版方式"中"单击鼠标时"前的复选框，取消单击鼠标换片。再单击"应用于所有幻灯片"，如图 6 所示。

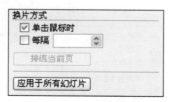

▲ 图 6 换片方式

这样，就可以不用担心误操作出错了，老师就可以放心大胆的上课了。

技巧5 利用 WPS 演示制作汉字笔顺动画

作者：赵冲

在汉字教学中，教师经常需要演示汉字笔顺，以帮助学生掌握书写的技巧。教师经常选择的方法是利用 Flash 动画，然后把 Flash 插入到 PPT 中。但是，这种方法非常麻烦，而且要求很高。事实上，充分利用 WPS 演示的绘画和自定义动画功能，足以完成这样一个任务。下面就和我一起体验 WPS 的强大功能吧！

一、制作田字格

1. 打开 WPS 演示，选择一个模板，创建工作页面。

2. 依次点选绘图工具栏"自选图形"/"基本形状"/"矩形"按钮，如图 1 所示，按住"Shift 键"，在幻灯片上绘画大小合适的正方形边框，如图 2 所示。

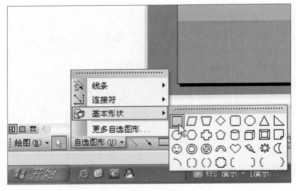

▲ 图1 矩形按钮

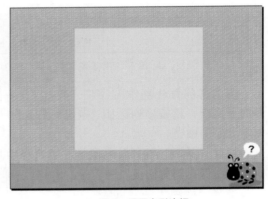

▲ 图2 画正方形边框

3. 依次点选绘图工具栏"自选图形"/"线条"/"直线"按钮，如图 3 所示，按住"Shift 键"，在正方形框上绘画长度合适的斜线，如图 4 所示。同理，画出其他直线，如图 5 所示。

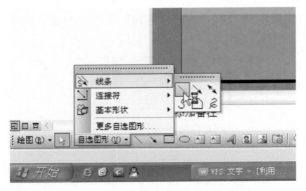

▲ 图3 直线按钮

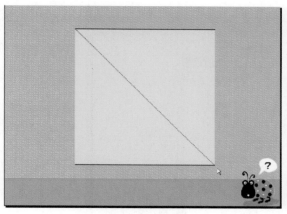

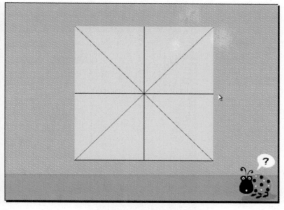

▲ 图 4　画斜线　　　　　　　　　　　　　　▲ 图 5　画出其他直线

　　4. 按住"Ctrl 键"，依次点选所画直线，然后单击鼠标右键，在弹出的快捷菜单中选择"组合"/"组合"菜单，如图 6 所示，把所画直线组合成整体。

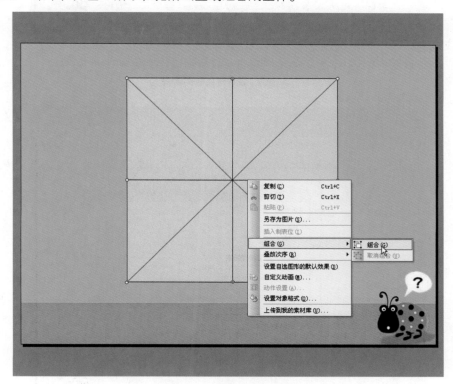

▲ 图 6　把内部直线组合成整体

　　5. 再次单击鼠标右键，在弹出的快捷菜单中选择"设置对象格式"，如图 7 所示，在弹出的对话窗口中设置线条为虚线，如图 8 所示。

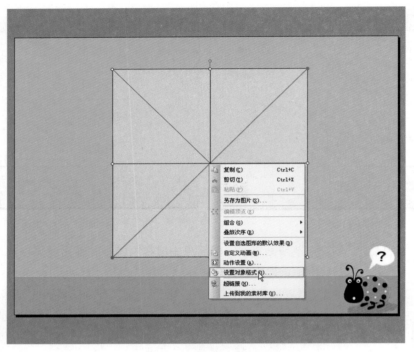

▲ 图 7　设置对象格式菜单

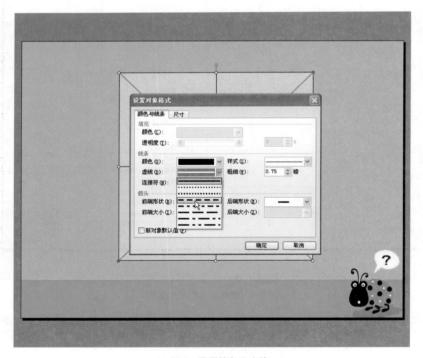

▲ 图 8　设置线条为虚线

6. 最终效果如图 9 所示。

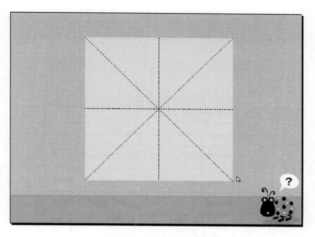

▲ 图 9 田字格效果图

二、制作汉字

1. 依次点选"插入"/"图片"/"艺术字"菜单，如图 10 所示，在弹出的艺术字库对话框中选择空心型艺术字（四行一列），如图 11 所示，单击"确定"按钮，在弹出的编辑艺术字文字对话框中输入需要制作笔顺的汉字"少"，并设置字体为"楷体"，字号为"96"，如图 12 所示。

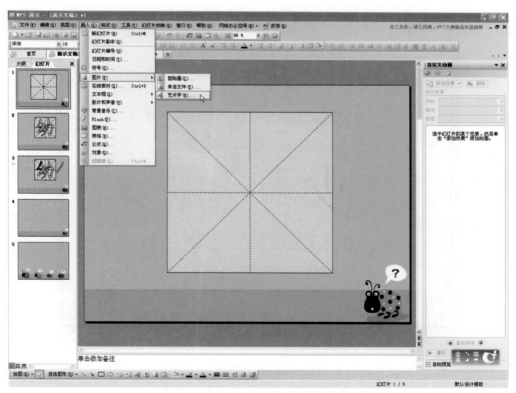

▲ 图 10 插入艺术字菜单

 技巧 5 利用 WPS 演示制作汉字笔顺动画

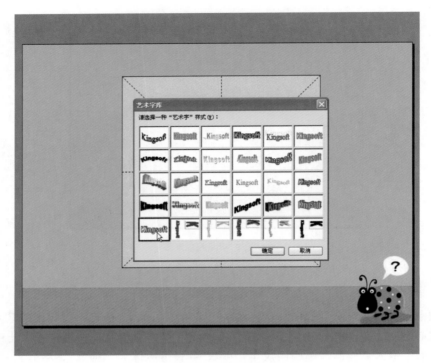

▲ 图 11　艺术字库对话框

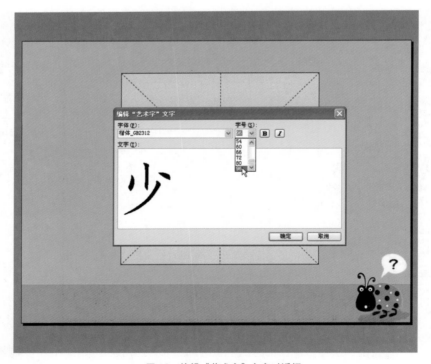

▲ 图 12　编辑"艺术字"文字对话框

2. 适当调节文字在田字格中的位置和大小，如图 13 所示。

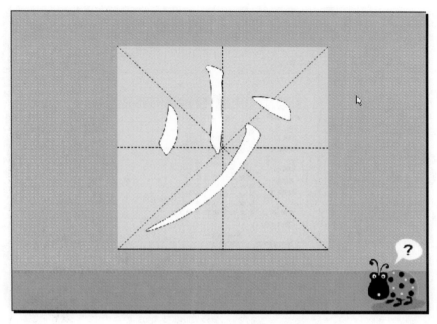

▲ 图 13　调整文字在田字格中的位置和大小

3. 在汉字上单击鼠标右键，弹出艺术字工具栏，选择编辑艺术字格式按钮（小桶图标），如图 14 所示，在弹出的设置对象格式对话框中，设置填充颜色为"无填充颜色"，如图 15 所示。

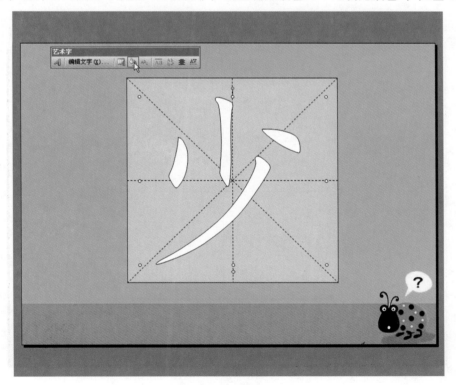

▲ 图 14　艺术字工具栏

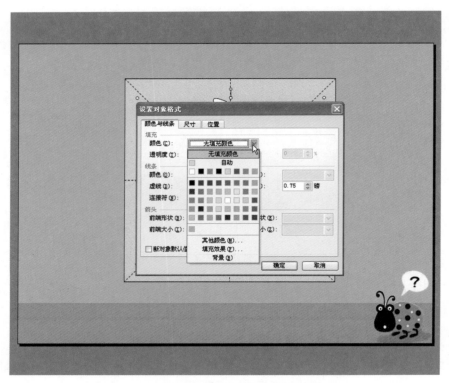

▲ 图 15 设置对象格式对话框

4. 最终效果如图 16 所示。

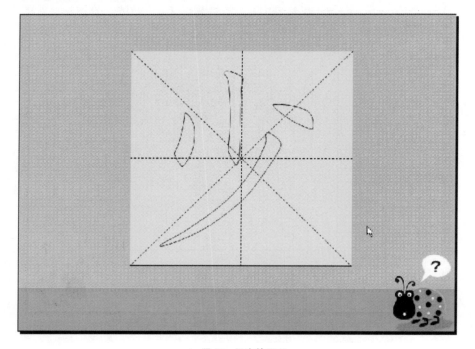

▲ 图 16 汉字效果图

三、制作笔顺动画

1. 依次点选绘图工具栏"自选图形"/"线条"/"任意多边形"按钮，如图 17 所示，沿着汉字边缘线进行绘画，并填充颜色为黑色，如图 18 所示，最终效果如图 19 所示。

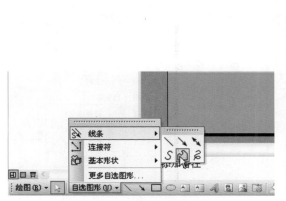

▲ 图 17　任意多边形按钮

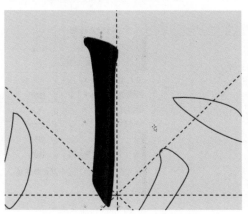

▲ 图 18　绘制笔迹并填充颜色为黑色

▲ 图 19　汉字笔迹效果图

2. 选中某一笔迹，在右侧依次点选"自定义动画"/"添加效果"/"进入"/"擦除"，如图 20 所示，并设置合适的擦除方向和擦除速度，如图 21 所示，同理，设置其他笔迹的动画，最终设置效果如图 22 所示。

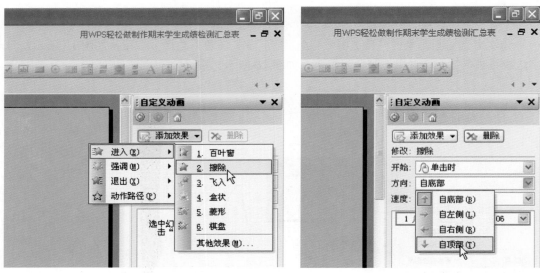

▲ 图20　自定义动画菜单　　　　　　　　　▲ 图21　设置动画方向和速度

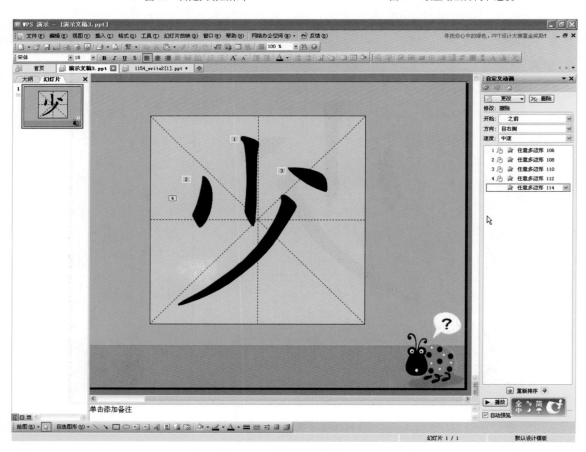

▲ 图22　最终效果图

3. 按 F5 键，预览一下，怎么样，很有成就感吧!

技巧6 利用透明度变化做单选题

作者：蒋海东

1. 新建演示文稿，模板选用教程模板，板式为空白。依次单击"插入"→"文本框"→"横向"命令，鼠标光标变成十字型，左键单击，按住鼠标键拖出一个文本框，输入文字：

"1.奥林匹克格言的内容是（　　　　）。"

设置字体为微软雅黑，32号字，再添加文字阴影效果。通过拖动调整文字位置，如图1所示。

▲ 图1 调整文字位置

2. 选中以上文本框，复制出一个新的文本框，调节字体大小为28号字，修改文字内容为"A、手拉手，心连心"，如图2所示。

▲ 图2 修改文字内容

3. 选中"A、手拉手，心连心"文本框，右键单击后，在弹出的下拉菜单中选择"自定义动画"命令，打开"自定义动画"任务窗格，单击"添加效果"下拉菜单中"强调"中的"透明"命令，设置透明度为默认的50%，如图3所示。

"自定义动画"任务窗格中出现如图4所示变化。

4. 在任务窗格中再次查看该效果，单击右侧箭头以显示下拉菜单，然后单击"计时"命令，如图5所示。

▲ 图3 自定义动画

▲ 图4 出现的变化效果

▲ 图5 再次查看该效果

5. 在计时选项卡中单击左下方的"触发器"按钮，单击"单击下列对象时启动效果"项。在列表中找到要触发的对象"文本框34：A、手拉手，心连心"，如图6所示。

6. 单击"效果"选项卡，进入效果选项卡对话框，单击"增强"功能区的"声音"下拉列表中"其他声音"，如图7所示。

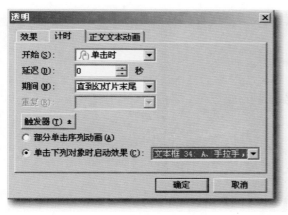

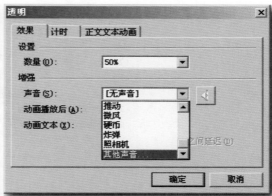

▲ 图6 设置启动效果　　　　　　　　▲ 图7 设置增强效果

7. 在打开的"添加声音"对话框中选择"错了，不过没关系，重来一遍！.wav"文件，单击"打开"按钮，如图8所示。

▲ 图8 选择声音文件

回到"透明"对话框，单击"确定"按钮完成设置，如图9所示。

▲ 图 9　完成设置

在"自定义动画"窗格可以看到设置后的效果，在幻灯片上，项目符号旁边有一个手状图标，表示该项目符号项有一个触发效果，如图 10 所示。

▲ 图 10　该项目符号项有一个触发效果

8. 选中"A、手拉手，心连心"文本框，复制出其他 3 个文本框，通过绘图工具栏中对齐命令，左对齐和纵向分布，排列好 4 个选项，如图 11 所示。

▲ 图 11　排列好其他选项

修改其余 3 个选项为"B、更快、更高、更强"、"C、更高、更快、更强"、"D、重在参与，永不言败"。

其中 B 选项是对的，其余都是错的。

9. 设置其他选项的触发器

在任务窗格中选中"文本框 35:"，单击右侧箭头以显示下拉菜单，然后单击"计时"命令。

在计时选项卡中单击左下方的"触发器"按钮，单击"单击下列对象时启动效果"。在列表中找到要触发的对象"文本框 35：B、更快、更高、更强"，如图 12 所示。

单击"效果"选项卡，进入效果选项卡对话框，单击"增强"功能区的声音下拉列表中有"其他声音"，在打开的"添加声音"对话框中选择"你真聪明！.wav"文件，单击"打开"按钮。返回到"透明"对话框，单击"确定"按钮完成设置，如图 13 所示。

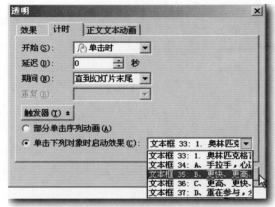

▲ 图 12　设置对象时启动效果

▲ 图 13　添加声音效果

完成效果如图 14 所示。

▲ 图 14　完成的效果

修改透明度数量为自定义的 10%，单击后能和其他选项区别。单击自定义动画任务窗格中"数量"右侧箭头以显示下拉菜单，在"自定义"后输入 10%，单击回车键，完成透明度修改设置，如图 15 所示。

10. 任务窗格中选中"文本框 36:"，单击右侧箭头以显示下拉菜单，然后单击"计时"命令。在计时选项卡中单击左下方的"触发器"按钮，单击"单击下列对象时启动效果"项。在列表中找到要触发的对象"文本框 36：C、更高、更快、更强"，单击"确定"按钮完成设置，如图 16 所示。

▲ 图 15　修改透明度

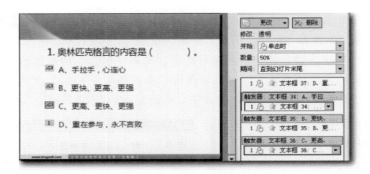

▲ 图 16　完成〝文本框 36〞设置

11. 在任务窗格中选中"文本框 37:"，单击右侧箭头以显示下拉菜单，然后单击"计时"命令。在计时选项卡中单击左下方的"触发器"按钮，单击"单击下列对象时启动效果"。在列表中找到要触发的对象"文本框 37：C、更高、更快、更强"，单击"确定"按钮完成设置，如图 17 所示。

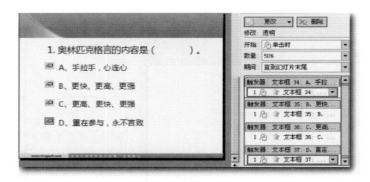

▲ 图 17　完成〝文本框 37〞设置

> **注**　复制设置好的"A、手拉手，心连心"文本框的原因是，设置好了透明和声音交互，这里有 3 个错的声音反馈，当然复制省去了几步，不过对的那项声音反馈需要修改。需要在播放前检查一下声音设置，不对的及时调回来，透明度也需要修改。

对于其他页的练习题设置，可以复制做好的触发器效果的演示文稿，修改练习题的题目和选项后再修改声音和透明度就可以了，这样可以节省很多时间。

技巧7 教学中的小助手，说说 WPP 演示中的墨迹

作者：王建合

用黑板上课时，用小木棍当教鞭；用多媒体上课时，用激光笔当教鞭。然而这些教鞭只能指指点点。当看到央视《朝闻天下》主持人在大屏幕上圈圈画画时，你是不是想：上课时在运行课件的同时，也能在投影上圈圈画画，对某些内容起到点睛作用，那多好啊！其实利用 WPT 中的墨迹就可以用到。

一、墨迹从何处来

WPT 演示在放映时，屏幕的左下角，有几个工具——幻灯放映工具栏，如图 1 所示。

▲ 图1 幻灯放映工具栏

如果看不到该工具栏，把鼠标光标移到左下角就会出现。该工具栏随鼠标光标一起有 3 种呈现方式："自动"（鼠标光标停止操作，3 秒后隐藏），"可见"（总显示），"永远隐藏"（无论鼠标光标操作与否永远隐藏，直到鼠标光标移到此，才显示），如图 2 所示。

▲ 图2 工具栏 3 种呈现方式

选取一定的墨迹笔后，就可以按着左键用鼠标光标在屏幕上涂鸦了。

二、墨迹样式如何变

单击幻灯放映工具栏最左边的按钮，弹出快捷菜单，如图 3 所示。

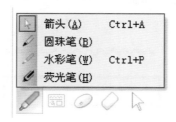

▲ 图3 弹出的快捷菜单

可以选择"圆珠笔"、"水彩笔"、"荧光笔",不同的笔在屏幕上会画出不同的墨迹,如图 4 所示。

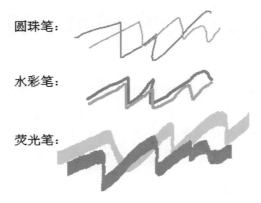

圆珠笔:

水彩笔:

荧光笔:

▲ 图 4　不同的笔

三、墨迹形状怎么改

单击幻灯放映工具栏第二个按钮,从弹出的快捷菜单中可以选择墨迹形状。其中"自由曲线"可以任意涂鸦如图 5 和图 6 所示。

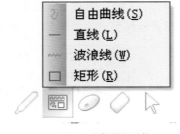

	自由曲线(S)
	直线(L)
	波浪线(W)
	矩形(R)

▲ 图 5　选择墨迹形状

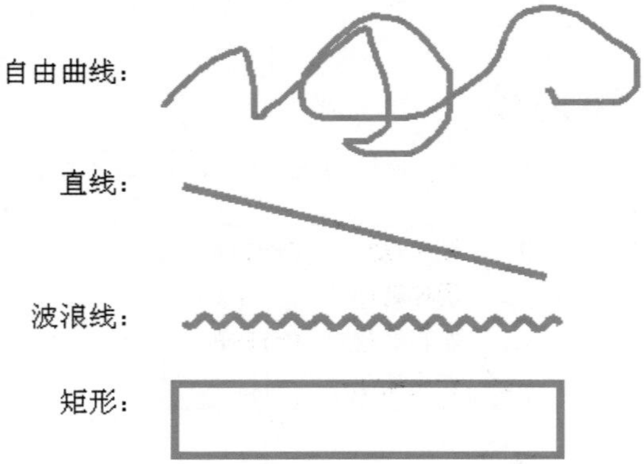

自由曲线:

直线:

波浪线:

矩形:

▲ 图 6　用"自由曲线"任意涂鸦

四、墨迹颜色怎么换

单击第三个按钮，可以按需要改变墨迹颜色，默认是红色，如图 7 所示。

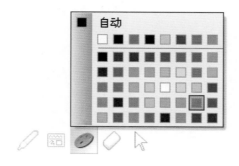

▲ 图7　改变墨迹颜色

五、墨迹怎么擦

单击第三个按钮，在出现的快捷菜单中有两个选项，如图 8 所示。

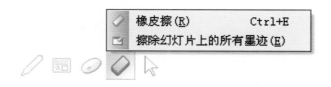

▲ 图8　快捷菜单中的选项

选择"橡皮擦"可通过单击某一连续墨迹对其擦除。选择"擦除幻灯片上的所有 墨迹"，则屏幕上所有墨迹瞬间消失。

六、墨迹怎么留

如果在演示过程中你在屏幕上有过圈圈点点，幻灯结束时，会提示是否保留墨迹，如图 9 所示。

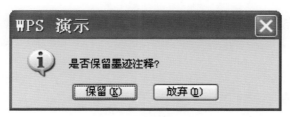

▲ 图9　提示框

选择"保留"，则会将墨迹和演示文稿一起保存下来，下一次打开你的大作时一起呈现；选择"放弃"，则墨迹全部清除，下次打开演示文稿，会干干净净。

如果知道了上面 5 个问题，教学中墨迹就成了你的贴身小助手了。

6

教案和课程分析

　　教案，顾名思义，指教育方案。教师对教学课程的设计方案，称为教案。教案的详细内容包括课题、课时、教学目标、教学内容、教学的重点及难点、教学方式、教学过程、教学案例、教学用具、补充教材教学等。在教学方式越来越多样化的今天，图文并茂是优秀教案的一大特点，而使用 WPS Office 中的文字、表格和演示结合，可以轻松作出各种优秀的教案，同时还可以将 WPS 应用于课程分析和教学控制。

技巧 1 为师第一步，制作电子教案

作者：李月林

教案（教学设计）是教师在教学中的重要工作内容，它直接影响到课堂教学的效果。使用文字处理软件编辑制作的教案，整洁、美观，便于修改和使用。下面，我们使用优秀的国产办公软件 WPS 制作一份电子教案。

第 1 步 创建新文档

1. 启动 WPS2010。

方法一：双击桌面上的 WPS 文字图标。

方法二：单击"开始"按钮，选择"所有程序"，选择 "WPS Office 个人版"菜单项中的"WPS 文字"命令。

2. 创建新文档。单击 WPS 工具栏"新建"按钮，创建一个新文档。

3. 保存新文档。单击 WPS 工具栏"保存"（另存到在线存储空间）按钮，在弹出的"另存为"对话框中选择文档的保存位置并输入新文档名后，单击"保存"按钮。

第 2 步 设置页面

制作电子教案要先确定纸张的大小、方向、页边距等。为编辑和打印教案做好准备。

1. 选择"文件 | 页面设置"菜单项，出现"页面设置"对话框，默认是"页边距"选项卡，在上、下、左、右输入框中分别输入合适的大小，如 20 毫米、20 毫米、15 毫米、15 毫米。还可以输入页眉和页脚，如图 1 所示。

▲ 图 1 页面设置

2. 单击"页面设置"对话框中"纸张"选项卡，在"纸张大小"下拉列表中选择"16 开"，其他选项默认，如图 2 所示。

设置完"页边距"和"纸张"后，单击"页面设置"对话框中的"确定"按钮，保存页面设置。

第 3 步 输入教案内容

文档窗口中有一个闪烁的竖线形"光标"，在它所在的位置输入文字，随着文字的输入，"光标"会自动向后移动，打完一行字后，光标会自动移到下一行的最前面。

1. 单击"任务栏"上的输入按钮，选择一种熟悉的输入法。

2. 输入教案内容，按回车键，另起一段，依次输入其他内容。

3. 输入时出现错误，可以用鼠标（或键盘上的光标控制

▲ 图 2 选择纸张大小

键）移动光标到错误的位置，按 Delete 键删除光标后边的文字。

输入过程中随时注意保存文件。

第 4 步，美化教案

一篇漂亮的教案，文字会根据教学设计而有大小、格式的变化，经过修饰的教案，会显得更加赏心悦目，教学效果事半功倍。

1. 修饰文字格式。

文字格式主要有字体、字号、文字颜色、对齐格式等方面，可以使用 WPS 文字格式工具栏上相应的按钮完成操作，如图 3 所示。

▲ 图 3 修饰文字格式

（1）同时按下 Ctrl+A 组合键（或单击"编辑 | 全选"菜单项），选中整篇教案。

（2）鼠标单击格式工具栏上"字体框"后的按钮，在弹出的下拉列表中单击"楷体"。单击"字号框"后的按钮，在弹出的下拉列表中单击选择"四号"，这是把整篇教案设置成"四号楷体字"。

（3）选中教案的标题，用第二步的方法设置为"二号宋体"，再按"居中"按钮，通过这样的方法就可以修饰教案中部分内容了。

2. 修饰教案段落格式。

光标停在教案的哪一段中，就可以单独修饰教案的这一段格式。选中多个段落，就可以现时修饰多个段落的格式，如图 4 所示。

▲ 图 4 设置段落格式

（1）单击鼠标左键，把光标停在第一段上，选择"格式 | 段落"菜单项，就会打开"段落对话框"。

（2）在"缩进和间距"选项卡的"特殊格式"下拉列表中选择"首行缩进"，在"度量值"下拉列表中选择"2"字符，使用默认"行距"，单击"确定按钮"，就完成了这一段的排版。

教案要根据执教者设计的教学内容进行排版修饰，不可把教案修饰的过分"美观"，让修饰喧宾夺主，失去教学设计的真正意义。

技巧2 妙用 WPS 表格处理物理实验数据

作者：孙少辉

伏安法测小灯泡电阻是初中电学部分的教学重点之一，笔者的一位同事在参加市教育工会组织的教学技能比赛时选中了这节课。下表是同事在备课时指导学生实验得出的一组数据。

数据记录表：伏安法测小灯泡电阻

U（V）	0.5	1	1.5	2	2.5	3	3.5	4
I（A）	0.11	0.14	0.18	0.2	0.23	0.25	0.27	0.29
R（Ω）								

从实验数据中不难发现：通过灯丝的电流随灯泡两端电压的升高而增大，如果根据欧姆定律计算出不同电压下对应的灯丝电阻，还可以发现灯丝的电阻也随灯泡两端电压的升高而增大（笔者注：灯丝电阻与灯泡两端电压的变化并无直接关系，但是随着灯泡两端电压的升高，通过灯丝的电流会逐渐增大，从而导致灯丝温度升高，这是引起灯丝电阻增大的直接原因）。同事希望借助于多媒体手段对实验数据进行处理，并通过图表直观地显示 I、R、随 U 的变化规律。笔者利用 WPS 表格轻松满足了她的要求，方法如下。

▲ 图1 完成数据的输入

一、新建工作表并输入基本内容

完成数据的输入后，适当调整文字格式，如图1所示。

二、利用公式计算灯泡电阻

1. 选中 B4 单元格。

输入公式"=B2/B3"，如图2所示，然后单击回车键确认，即可得到与第一组数据对应的电阻值。

2. 再次选中 B4 单元格。

将鼠标指针移到单元格右下角的填充柄上，按住鼠标左键向右拖动到与最后一

▲ 图2 输入公式

组数据对应的 14 单元格，即可利用 WPS 表格的快速输入法完成相关数据的计算，如图 3 所示。

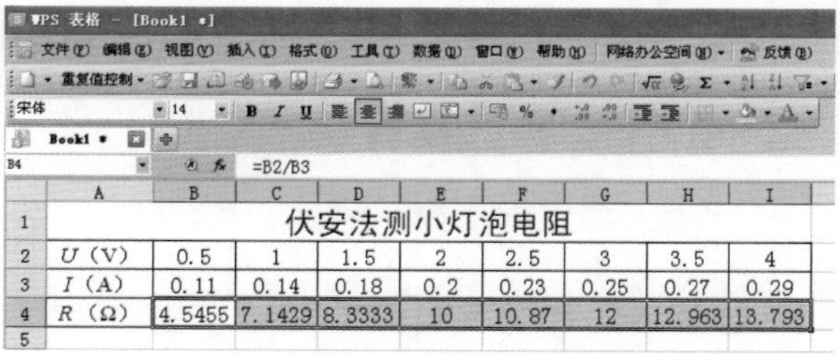

▲ 图 3 完成相关数据的计算

3. 在初中阶段处理物理实验数据通常只需保留两位小数。

部分运算结果精度过高，需要进行规范：单击鼠标右键，在弹出的快捷菜单中单击"设置单元格格式"命令，如图 4 所示。

▲ 图 4 单击"设置单元格格式"命令

在弹出的"单元格格式"对话框里，单击"分类"标签下的"数值"选项后，在右侧"小数位数"选项后的文本框里输入"2"，如图 5 所示，单击"确定"按钮关闭对话框。

▲ 图 5 输入相应的数字

三、利用图表向导生成图表

干巴巴的数字显得枯燥乏味，我们可以利用 WPS 表格强大的图表绘制功能轻松地生成漂亮的图表，用图表直观显示 3 个物理量之间的关系。

1. 拖动鼠标光标选中存放实验数据的单元格区域，单击常用工具栏里的"图表向导"按钮，如图 6 所示。

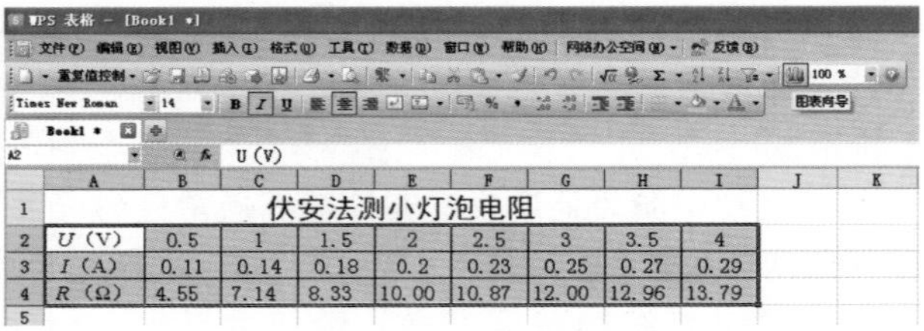

在弹出的"图表类型"对话框中，单击左侧"图表类型"标签下的"XY 散点图"选项，系统会显示出常见的 5 种散点图，选中第二种"平滑线散点图"，如图 7 所示。

在对话框右侧就可以预览到 3 种物理量的关系图像。单击对话框底部的"下一步"按钮，进入"源数据"对话框，不用修改任何参数，继续单击"下一步"按钮进入"图表选项"对话框后，单击"网格线"标签，依次勾选数值 X 轴、Y 轴网格线标签下的"主要网格线"复选项，如图 8 所示。

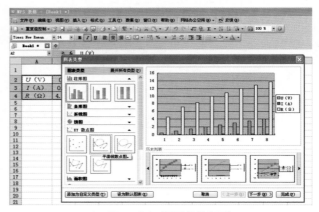

▲ 图 6 选中有数据的单元格

▲ 图 7 选中"平滑线散点图"

单击对话框底部的"完成"按钮，结束图表绘制，如图 9 所示。

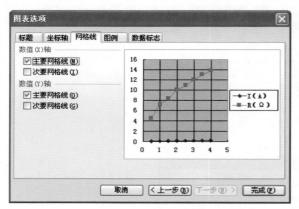

▲ 图 8 图表选项界面

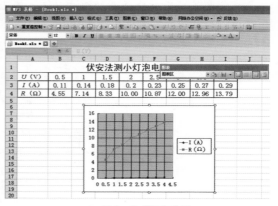

▲ 图 9 完成图表绘制

2. 现在的图表存在明显缺陷：观察实验记录表中的数据不难看出，电流 I 的值与电阻 R 的值相比不在同一数量级，如果使用统一的纵坐标势必会出现图 9 的现象，图表显得极不协调。此外，该实验数据分析的重点是电流 I 随电压 U 变化的规律，纵坐标应该表示电流 I 的大小。解决方法很简单：将鼠标指针移到电阻 R 的图线上，单击鼠标右键，在弹出的快捷菜单中单击"数据系列格式"命令，如图 10 所示。

弹出"系列 R（Ω）格式"对话框，单击对话框上部的"坐标轴"标签，选中"次坐标轴"单选项后，如图 11 所示。

通过预览窗口可以看到图表中出现了两条纵坐标轴，左侧的主坐标轴表示电流 I，右侧的次坐标轴表示电阻 R，单击"确定"按钮关闭对话框。

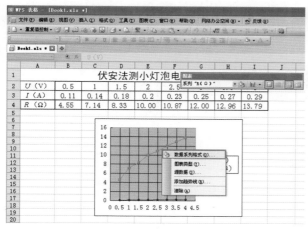

▲ 图 10 单击"数据系列格式"命令

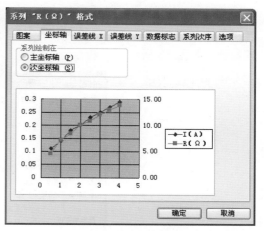

▲ 图 11 选择"次坐标轴"项

四、设置坐标轴格式并美化图表

1. 在"图表区"单击鼠标左键，拖动控制点调整图表大小后，单击"图表"工具栏上的"设置图表格式"按钮，在弹出的"图表区格式"对话框中，将图表区的填充色设为"浅蓝色"后，单击顶部的"字体"标签，将"字号"设为"12号"并取消左下部"自动缩放"复选框的勾选，如图 12 所示。

2. 单击"图表"工具栏上"图表区"选项右侧的下拉箭头，在弹出的下拉列表中单击"数值（Y）轴"，如图 13 所示。

再次单击"图表"工具栏上的"设置图表格式"按钮，弹出"数值（Y）轴格式"对话框，在"图案"标签中，将坐标轴设置为较粗的红色，如图 14 所示。

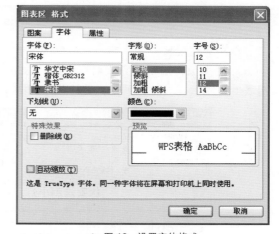

▲ 图 12 设置字体格式

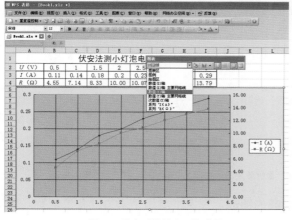

▲ 图 13 单击"数值(Y)轴"项

▲ 图 14 设置图案格式

在"字体"标签下的"刻度"选项中，将"数值（Y）轴刻度"的最小值、最大值、主要刻度单位、次要刻度单位分别设为"0"、"0.3"、"0.05"、"0.05"，并取消对上述选项前方复选框的勾选，如图 15 所示。

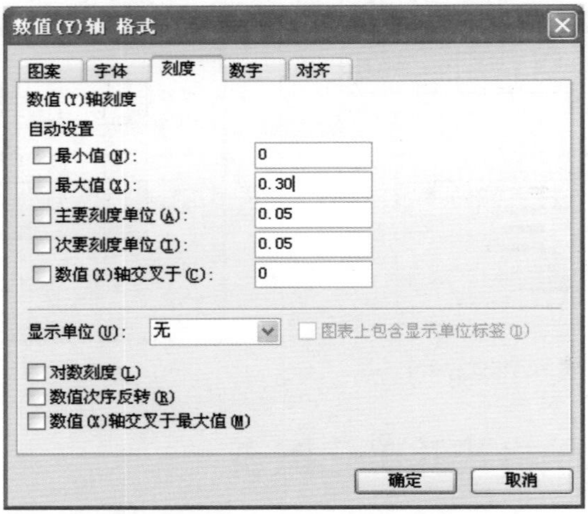

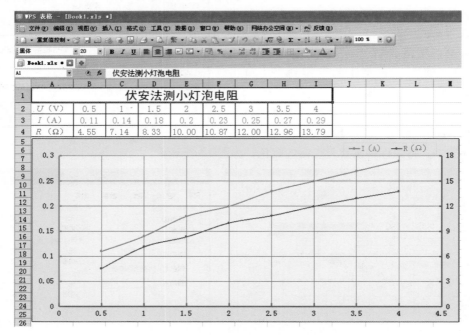

▲ 图 15　设置刻度格式

保持其他设置不变，单击对话框底部的"确定"按钮保存设置。

3. 用类似方法依次完成对绘图区、数值（X）轴、数值（Y）轴主要网格线等的设置，并对图表上方的数据表进行美化，最终效果如图 16 所示。

▲ 图 16　最终效果图

就像变魔术一样，抽象的数字摇身变为漂亮的图表，为课堂增添了活力。各位老师，敬请一试！

用 WPS 表格分析酸碱中和滴定过程的 pH 变化

作者：王建合

酸碱中和滴定是中学化学的难点之一，其原因是由于学生对中和滴定过程中 pH 的变化难以比较直观的观察，因而对指示剂选择，以及滴定"突变"等知识的理解较为困难。为突破这一难点，可以借助 WPS 表格的公式、函数和图表，形象直观地展示中和滴定过程中溶液 pH 的变化。

下面以用 0.01mol/L 的 NaOH 溶液滴定 20.00mL、0.01mol/L 的 HCl 溶液为例，计算滴定过程中，每加入一滴 NaOH 溶液时的 pH，从而形象展示在滴定过程中溶液 pH 变化。计算时按每滴溶液的体积为 0.05mL。

一、溶液 pH 的计算

1. 计算溶液的 H^+ 浓度（公式中的 n 为所加 NaOH 溶液的滴数）。

（1）当 HCl 过量时：

$$c(H^+) = \frac{V(HCl) \times c(HCl) - V(NaOH) \times c(NaOH)}{V(总)}$$

$$= \frac{20 \times 0.01 - n \times 0.05 \times 0.01}{20.00 + n \times 0.05} \text{ mol/L}$$

（2）当 HCl 与 NaOH 的物质的量相等时：

$$c(H^+) = 10^{-7} \text{mol/L}$$

（3）当 HCl 的物质的量小于 NaOH 的物质的量时：

$$c(OH^-) = \frac{V(NaOH) \times c(NaOH) - V(HCl) \times c(HCl)}{V(总)}$$

$$= \frac{n \times 0.05 \times 0.01 - 20 \times 0.01}{20.00 + n \times 0.05} \text{ mol/L}$$

$$c(H^+) = \frac{k_w}{c(OH^-)}$$

$$= 10^{-14} \div (\frac{n \times 0.05 \times 0.01 - 20 \times 0.01}{20.00 + n \times 0.05}) \text{mol/L}$$

2. 计算溶液 pH。

$$pH = -\lg\{C(H^+)\}$$

二、用 WPS 表格进行数据处理

1. 新建 ET 表格，按图 1 所示输入相关内容。

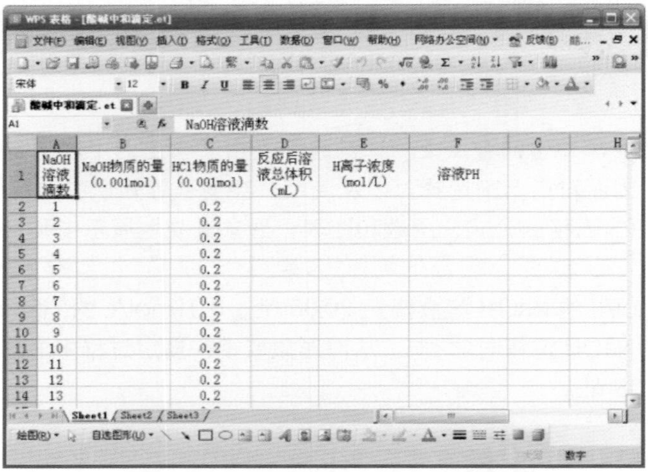

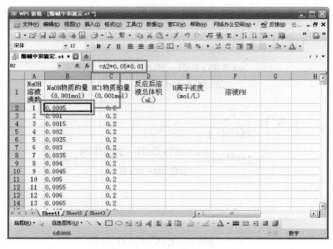

▲ 图 1　新建 ET 表格，输入相关内容

在 A2-A801 单元格中是 1-800 这一等差数列，这 800 个数字是表示加 NaOH 溶液的滴数。当加入 NaOH 400 滴时，就已经到了滴定的终点，为了观察分析 PH 数据，再加入 400 滴。

HCl 物质的量是个固定值，用其体积 20mL 乘以其物质的量浓度 0.01mol/L 来计算，此时 HCl 物质的量单位不是摩尔，而是千分之一摩尔。所以，在 C1—C801 单元格中都输入 0.2 即可。

2. 计算每加入 1 滴 NaOH 溶液时，反应体系中 NaOH 的物质的量。

在 B2 单元格中输入公式 "=A2*0.05*0.01"，将该单元格向下填充复制到 B801，如图 2 所示。公式说明：A2*0.05 是所加入 NaOH 溶液的体积，其单位是千分之一摩尔，0.01 是其物质的量浓度。此时所计算的结果仍然是以千分之一摩尔为单位。

▲ 图 2　B2 单元格输入公式 "=A2*0.05*0.01"，向下填充复制

3. 计算每加入 1 滴 NaOH 溶液后反应体系的总体积。

在 D1 单元格中输入公式 "=20+A2*0.05" ，并将 D1 单元格向填充复制到 D801 单元格，如图 3 所示。此时所计算的体积单位是毫升。

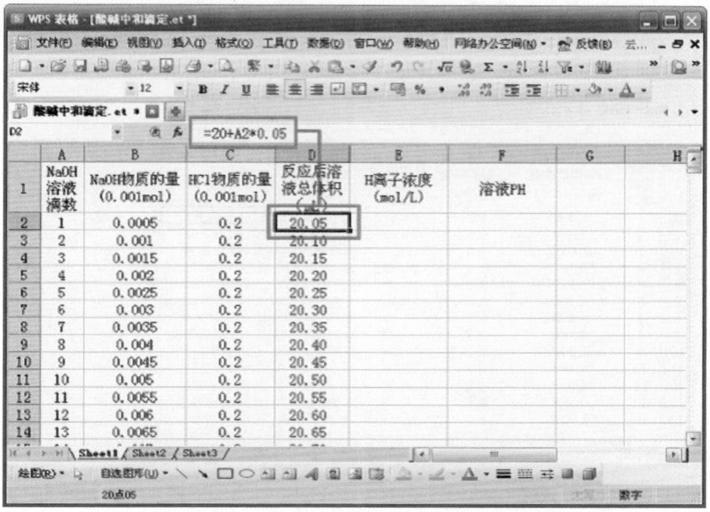

▲ 图 3　D2 单元格中输入计算溶液总体积的公式并向下填充

4. 计算溶液中 H^+ 的物质的量浓度。

在 E2 单元格中输入公式：

"=IF(C2>B2,(C2-B2)/D2,IF(C2=B2,10^-7,10^-14/((B2-C2)/D2)))" 。将 E2 单元格向下填充复制到 E801 单元格，如图 4 所示。公式说明：因为是一元酸和一元碱，H^+ 和 OH^- 物质的量等于 HCl 和 NaOH 的物质的量。计算 H+ 浓度时，物质的量单位是千分之一摩尔，体积单位是毫升，计算结果单位正好是 mol/L。

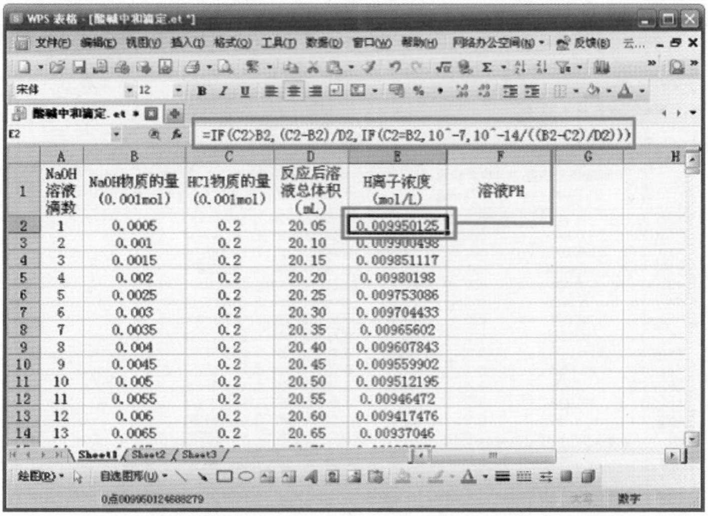

▲ 图 4　E2 单元格中输入计算溶液氢离子浓度的公式并向下填充

5. 计算溶液的 pH。

在 F2 单元格中输入公式“= - LOG10 (E2)”，将该单元格向下填充复制到 F801 单元格，如图 5 所示。

F2 =-LOG10(E2)

	A	B	C	D	E	F
1	NaOH溶液滴数	NaOH物质的量(0.001mol)	HCl物质的量(0.001mol)	反应后溶液总体积(mL)	H离子浓度(mol/L)	溶液PH
2	1	0.0005	0.2	20.05	0.009950125	2.002171477
3	2	0.001	0.2	20.10	0.009900498	2.004342981
4	3	0.0015	0.2	20.15	0.009851117	2.006514539
5	4	0.002	0.2	20.20	0.00980198	2.008686179
6	5	0.0025	0.2	20.25	0.009753086	2.010857928
7	6	0.003	0.2	20.30	0.009704433	2.013029812
8	7	0.0035	0.2	20.35	0.00965602	2.015201859
9	8	0.004	0.2	20.40	0.009607843	2.017374096
10	9	0.0045	0.2	20.45	0.009559902	2.019546551
11	10	0.005	0.2	20.50	0.009512195	2.02171925
12	11	0.0055	0.2	20.55	0.00946472	2.023892221
13	12	0.006	0.2	20.60	0.009417476	2.02606549
14	13	0.0065	0.2	20.65	0.00937046	2.028239087

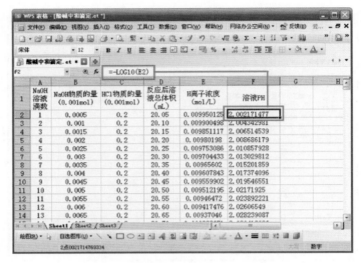

▲ 图 5　在 F2 单元格中输入公式“= - LOG10（E2）”

三、教学中的应用

通过上面的计算就得到了，在中和滴定过程中，每加入一滴 NaOH 溶液时的 pH 值。这些数据可以使学生比较直观地体会到在中和滴定过程中，溶液 PH 变化。将这些结果应用于教学，可以起到事半功倍的效果。

1. 分析这些数据可以发现，当没有达到或已超过滴定终点时，加入一滴 NaOH 溶液，pH 的变化比较小。并且距离滴定终点越远，pH 变化越小，如图 6 和图 7 所示。

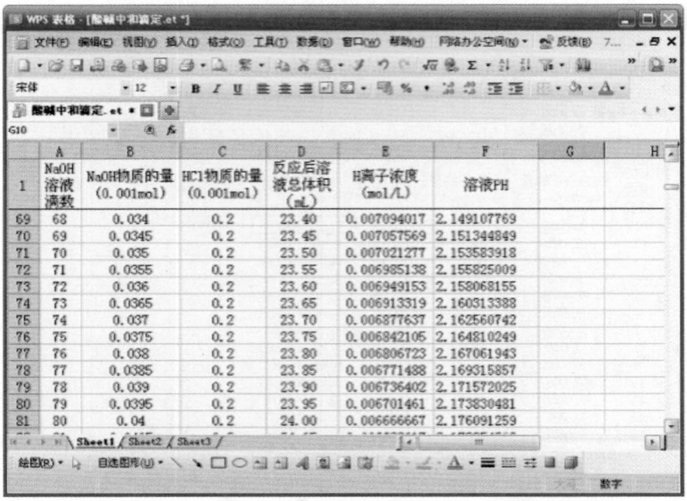

	A	B	C	D	E	F
1	NaOH溶液滴数	NaOH物质的量(0.001mol)	HCl物质的量(0.001mol)	反应后溶液总体积(mL)	H离子浓度(mol/L)	溶液PH
69	68	0.034	0.2	23.40	0.007094017	2.149107769
70	69	0.0345	0.2	23.45	0.007057569	2.151344849
71	70	0.035	0.2	23.50	0.007021277	2.153583918
72	71	0.0355	0.2	23.55	0.006985138	2.155825009
73	72	0.036	0.2	23.60	0.006949153	2.158068155
74	73	0.0365	0.2	23.65	0.006913319	2.160313388
75	74	0.037	0.2	23.70	0.006877637	2.162560742
76	75	0.0375	0.2	23.75	0.006842105	2.164810249
77	76	0.038	0.2	23.80	0.006806723	2.167061943
78	77	0.0385	0.2	23.85	0.006771488	2.169315857
79	78	0.039	0.2	23.90	0.006736402	2.171572025
80	79	0.0395	0.2	23.95	0.006701461	2.173830481
81	80	0.04	0.2	24.00	0.006666667	2.176091259

▲ 图 6　NaOH 加入远远未达到终点时的数据

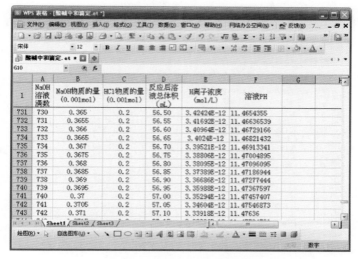

▲ 图 7 NaOH 加入量远远超过终点时的数据

接近滴定终点时，加入一滴 NaOH 会引起溶液 PH 很大的变化，如图 8 所示。

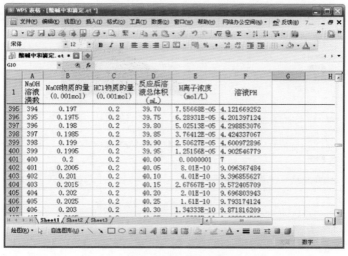

▲ 图 8 接近终点时的数据

2. 生成图表。

利用上述数据生成图表，pH 值的变化更加形象。

（1）选择 A 列单元格，然后按下 "Ctrl" 键，选择 F 列单元格，如图 9 所示。

（2）选择 "插入 | 图表" 菜单项，打开 "图表类型" 对话框，单击 "XY 散点图"，选取 "无数据点平滑线散点图"，如图 10 所示。单击 "下一步" 按钮。

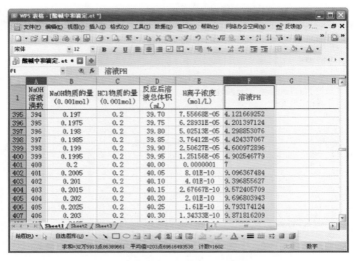

▲ 图9　选中 A 列和 F 列数据

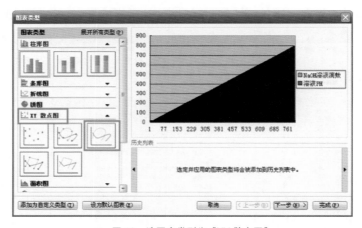

▲ 图10　选图表类型为"XY 散点图"

（3）选择某一配色方案，如图 11 所示。单出"下一步"按钮。

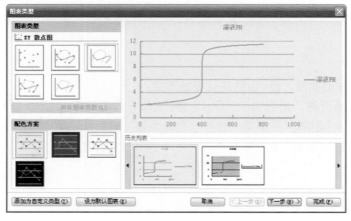

▲ 图11　选择配色方案

（4）此时出现"源数据"对话框，如图 12 所示。因为事先已选数据，故直接单击"下一步"按钮。

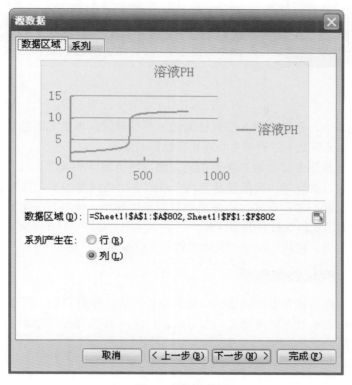

▲ 图 12 源数据对话框

（5）出现"图表选项"对话框，在"图表标题"、"数值（X）轴"、"数值（Y）轴"框内分别输入"溶液 pH 变化曲线"、"加入 NaOH 溶液滴数"、"溶液 pH"，如图 13 所示。单击"完成"按钮就得到了滴定曲线，如图 14 所示。

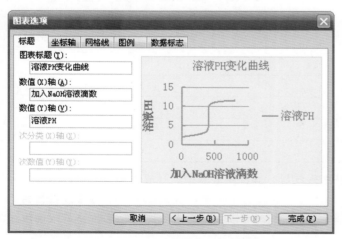

▲ 图 13 输入图表名称等

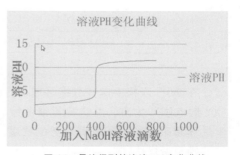

▲ 图 14 最终得到的溶液 pH 变化曲线

在教学中可以直接用 WPS 表格向学生们展示，也可复制到 WPS 演示中作为课件素材。

地理教学中使用 WPS 表格数据分析功能描述趋势数据

作者：董铁梅

在地理课的教学中，适当地引入信息化方式，不仅可以从本质上帮助学生理解地理信息数据中所蕴含的内容，还有助于培养学生处理复杂数据的能力。

高中地理中的数据很多都是跟趋势有关的，如自然地理中的温度、气压、海拔等系列相关数据和人文地理中人口变化等内容都涉及到两个或者多个相关量的变化情况。WPS 表格具有强大的图表功能，不仅能以多种形式从各方面将数据予以展示，还具有一定的分析功能，为具有变化趋势的相关数据添加趋势线并做出评价。

现以上述内容为例，将高中地理课堂中的实例予以展示。

1. 气温 - 海拔变化趋势教学。

一般来说，气温随海拔升高而降低，一般来说是海拔每升高 1km，气温平均下降 6℃左右。向学生提供某海滨城市的气温随海拔变化数据表，并使用 WPS 表格图表功能研究气温随海拔的变化规律，如表 1 所示。

表 1　气温随海拔变化表

海拔 /km	气温 /℃
0.5	18.0
1.0	15.1
1.2	13.8
1.5	12.1
2.0	9.7
2.4	6.5
2.6	5.3
3.0	3.0
3.3	1.6
3.5	0.1

在 WPS 表格中选择数据区域，打开图表向导，选择图表类型。一般来说，趋势数据都选择"XY 散点图"为宜，并选择平滑曲线。原因在于这只是不完整的数据样本，平滑曲线更容易让学生理解采样数据所承载趋势的程度。有了图，不仅可以立刻看出此变化趋势，还可以使用适当的模型来描述。

图 1 是生成的气温随海拔变化图。

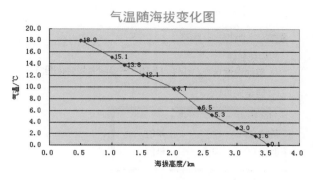

▲ 图1 气温随海拔变化图

气温与海拔大致呈现线性相关。这幅图虽然很好地反映出了气温变化趋势，但是缺乏量化的函数，无法充分利用此趋势，需要建立具体的公式来描述，这就要使用趋势线的功能。

在已经形成的曲线上单击右键，选择"添加趋势线"，因为已经可以判断是线性，在"类型"标签中选择"线性"，并在"选项"中勾选"显示公式"和"显示R平方值"，此时立刻生成一条线性趋势线，还给出了数值化的一次函数，如图2和图3所示。

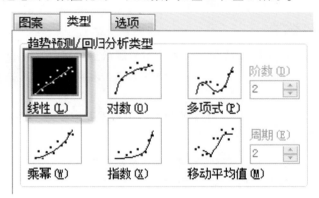

▲ 图2 选择趋势类型

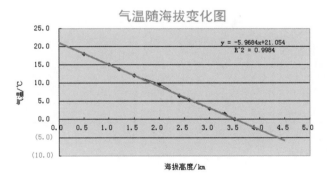

▲ 图3 气温随海拔变化趋势图

利用WPS表格的扩展功能，可以使这个函数（$y=-5.9684x+21.054$）和图表传递出更多表格中隐藏的信息，如图2所示。直线斜率为负，表明温度随海拔增高而降低，并且每降低1km，气温下降的幅度约为6℃。若x为零，$y=21.054$，即当地海平面处气温约为21℃。使用趋势预测向前推或者倒推一些单位便得到图4。

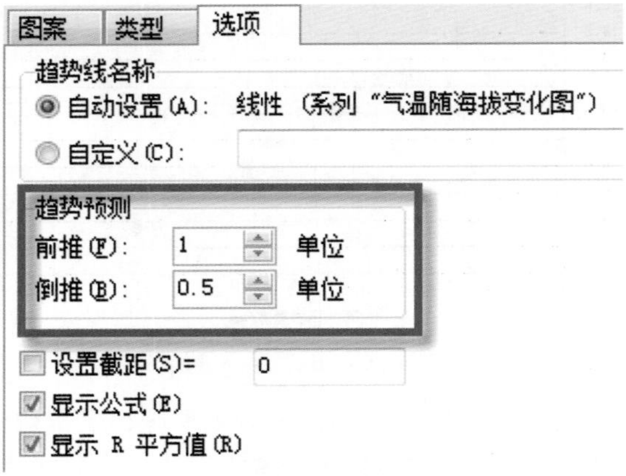

图案　类型　选项

趋势线名称
◉ 自动设置(A)：　线性（系列 "气温随海拔变化图"）
○ 自定义(C)：

趋势预测
前推(F)：　1　单位
倒推(B)：　0.5　单位

□ 设置截距(S)=　0
☑ 显示公式(E)
☑ 显示 R 平方值(R)

▲ 图 4　趋势预测功能选项

图 3 中 R^2（方差）的值为 0.9984，这说明拟合程度已经相当高了，表明此公式来描述当地温度随海拔高度变化趋势十分合适。

2. 人口变化趋势教学。

前一个例子的数据变化趋势中蕴含了一些可以推导的地理概念，但是像人口趋势类似的数据本身不具有更多的可推导性，只能作为一种特殊的模型利用数学工具来预测，趋势线同样可以发挥作用。

表 2 是收集 1978 年改革开放以来我国的年度人口数据，以此建立适合的数学模型描述它们的变化，并对未来几年的人口做出预测。

表 2　我国总人口数年度表

年份	人口 / 万人
1978	96259
1980	98705
1985	105851
1990	114333
1991	115823
1992	117171
1993	118517
1994	119850
1995	121121
1996	122389
1997	123626
1998	124761
1999	125786
2000	126743

续表

年份	人口 / 万人
2001	127627
2002	128453
2003	129227
2004	129988
2005	130756
2006	131448
2007	132129
2008	132802

　　同样采用 X、Y 散点图中的平滑曲线生成图表。通过图表可以看出，人口增长的趋势总体趋于缓和，所以使用线性模型来描述就不合理了，尝试使用多项式来拟合数据。为曲线添加趋势线，在类型中选择"多项式"。首先选择使用 2 次多项式来拟合，R^2 值为 0.9983，方差已经让人满意了，我们再采用 3 次多项式来试试看，方差值达到了 0.9994，若采用 4 次多项式方差值可以达到 0.9999，几乎可以认为是完全拟合，如图 5 所示。

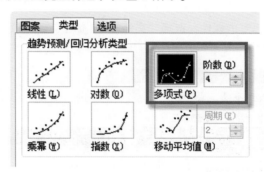

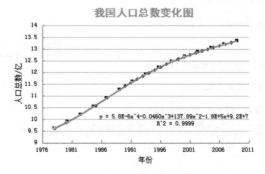

▲ 图 5　我国总人口数趋势图

　　最后我们根据得到的模型函数预测 2010 年的人口总数为 13.45 亿左右。

　　对数据进行信息化处理，引导学生利用数据处理软件来挖掘数据背后蕴藏的信息，这样在教学过程中，学生面对的就不仅仅是枯燥的数字表格，而是能挖掘其内涵并具有一定探索性的科学学习方式。不仅丰富了地理教学的方式、方法，提升了课堂效率，对引导学生数据建模思想的形成也具有积极作用。

技巧**5** 禁止修改课件的小技巧

作者：李月林

在教学过程中，经常帮助语文、数学、外语、老师制作一些辅助教学课件，WPS Office 小巧精炼的幻灯片组件 WPP 是我的首选制作软件。当这些老师使用完后，有意、无意的把课件传到网络上，有一些网站收集到提供收费下载，我的"知识产权"被盗用了。为了防止继续被盗用，一起使用 WPS 的安全技能吧！

一、给课件添加密码

WPS 演示提供了强大的加密功能，通过添加不同的密码，赋予不同用户打开和修改的权限，从而做到禁止非授权用户修改课件的目的，下面以设置打开课件密码为例介绍具体操作方法。

操作步骤如下。

1. 打开 WPP，打开制作好的课件，选择"文件 | 文件加密"菜单项，打开"选项"对话框，如图 1 所示。

▲ 图 1 "选项"对话框

2. 在"打开权限密码"后输入自己设置的密码，在"请再次键入打开权限密码"框中再输入一遍刚刚设置的密码。

3. 单击"确定"按钮，完成设置，关闭并保存文件后设置生效。

友情提示：千万要记住密码，不然会给自己带来很多不方便。

二、改变课件文件格式

这是一个"欺骗"电脑的办法。因为双击 WPS 演示文件，会自动打开 WPS 演示组件。有什么办法可以在双击时直接播放幻灯片，而不打开编辑软件呢？那就是修改课件的扩展名，改为放映文件格式。

操作步骤如下。

1. 打开 WPP，再打开制作好的课件，选择"文件 | 另存为"菜单项，打开"另存为"对话框。

2. 单击保存类型后的下拉菜单，在弹出的列表中选择"放映文件（*.PPS）"，如图 2 所示，选择保存位置后单击"保存"按钮。

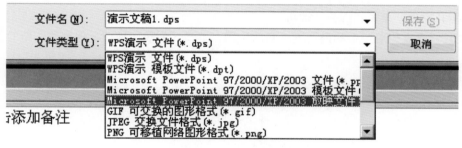

▲ 图2　保存文件对话框

方法点评：此方法对文件格式"未入门级"人员有效，其他了解文件格式的人员可以很简单地修改回原来的格式。因此，不建议单独使用，与"给课件添加密码"方法共同使用，效果更佳。

三、"栅格化"课件内容

以上两种方法，只要能打开文件，就可以修改其中的内容。我们就借 Photoshop 中的技术"栅格化"，他人就无法修改我的课件了。

准备工作如下。

在 WPS 官网（www.wps.cn）插件频道，下载并安装"建立相册"插件。

操作步骤如下。

1. 打开 WPP 中制作好的课件，选择"文件 | 另存为"菜单项，打开"另存为"对话框。

2. 在保存类型后选择"JPEG 交换文件格式（*.JPG）"，选择保存位置后输入文件（夹）名，单击"保存"按钮。

3. 选择"插入 | 图片 | 建立相册"菜单项，打开"建立相册"对话框，如图 3 所示。

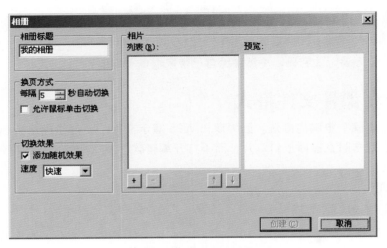

▲ 图 3　打开"建立相册"对话框

4. 单击"相片"框下的添加相片按钮 +，打开对话框，找到并全选用 <Ctrl+A> 组合键第 2 步保存的图片文件，单击"打开"按钮。

5. 设置"建立相册"中的换页方式和效果后，单击"创建"按钮。保存后，新的教学课件制作完毕。

方法点评。

优点：课件内容无法进行任何形式的修改。

缺点：丢失动画，外部文件（声音、视频和 Flash 等）需要重新插入。

使用 WPS 制作串并联电路实验教程

作者：葛小英

一、实现开关的闭合

1.打开范例文件"串并联实验制作"，选中刀闸——右击——自定义动画——添加效果——强调——陀螺旋，如图 1 所示。

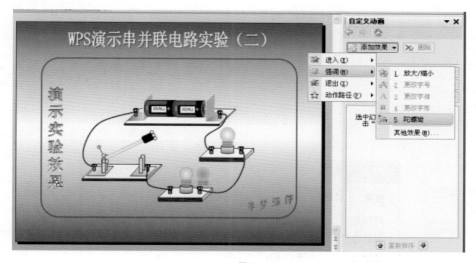

▲ 图1

2.修改自定义动画列表中的数量，这里是 26°，顺时针（根据各人旋转角度不同作适当修改），如图 2 所示。

▲ 图2

3.再选中刀闸，添加陀螺旋动画——将数量改为 26°，逆时针。

4.同时选中自定义动画列表中的动画——点击右边的倒三角——计时，如图 3 所示。

5.触发器，单击下列对象时启动效果，从下拉列表中选择"组合 23"（我们从自定义动画列表中观察刀闸是组合 23），单击确定按钮，如图 4 所示。

▲ 图 3

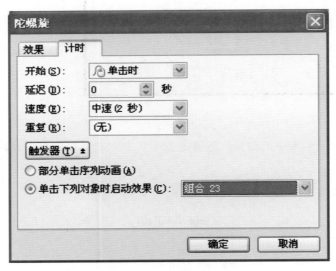

▲ 图 4

6.这时自定义动画列表中组合 23 上面增加了"触发器：组合 23"的标识，如图 5 所示。

▲ 图5

7. 从当前幻灯片测试效果, 第一次点击刀闸, 闭合开关, 第二次点击刀闸, 打开开关。

二、闭合开关, L1 灯亮

1. 复制一个灯泡, 选中上面的椭圆形, 使其处于十字花被选中状态, 填充效果, 双色渐变, 底纹样式: 中心辐射—变形, 选中间颜色较亮那个。调整透明度(数值可根据背景作适当修改), 单击"确定"按钮, 如图6所示。

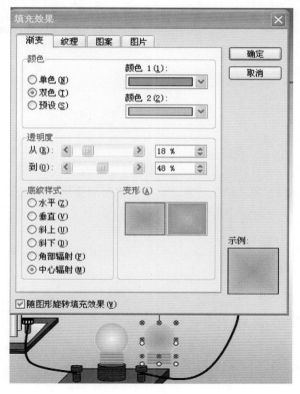

▲ 图6

2. 选中灰色灯泡（组合 123），自定义动画，退出，渐变，速度：非常快。

3. 选中亮色灯泡（组合 42），自定义动画，进入，渐变，速度：非常快（见图 7）。

4. 在自定义动画列表中选中两个渐变动画效果，点击旁边的倒三角，计时（见图 8）。

▲ 图 7

▲ 图 8

5. 开始：之前——延迟：1.8 秒（注意，这个延迟时间要根据刀闸闭合碰触到右边金属条为准），如图 9 所示。

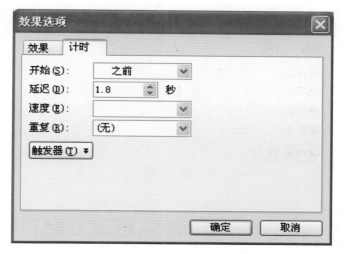

▲ 图9

6.将这两个渐变效果拖到顺时针组合 23 动画下面。（这时可以将这两个灯泡水平居中、垂直居中对齐后放到灯座上测试了），如图 10 所示。

▲ 图10

三、断开开关，L1 灯灭

1.选中灰色灯泡（组合 123）——自定义动画——进入——渐变。

2.选中亮色灯泡（组合 42）——自定义动画——退出——渐变。

3.自定义动画列表选中这两个动作，打开效果选项对话框——开始：之前——速度：0.3——确定，如图 11 所示。

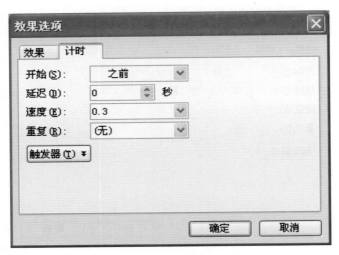

▲ 图 11

4. 将这两个渐变效果拖到逆时针组合 23 动画下面，将这两个灯泡水平居中、垂直居中对齐——调整好位置，如图 12 所示。

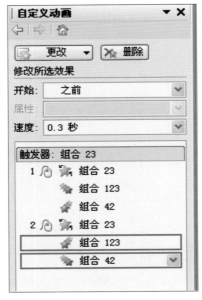

▲ 图 12

四、设置 L2 灯泡。

1. 删除原来的 L2 灯泡，如图 13 所示。

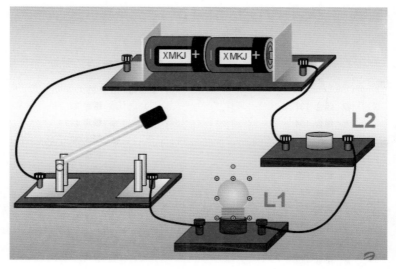

▲ 图 13

2. 将设置好动画效果的 L1 灯泡（注意，是两个）复制到 L2 灯泡上，自定义动画列表增加 4 个动画，如图 14 所示。

▲ 图 14

3. 选择前面两个动画，拖到顺时针组合 23 动画下面，如图 15 所示。

4. 剩下两个动画，拖到逆时针组合 23 动画下面，如图 16 所示。

▲ 图 15

▲ 图 16

现在来测试一下效果，点击刀闸，开关闭合，灯亮；再点击刀闸，开关断开，灯灭。你的效果实现了吗？并联电路的实验动作设置就留给读者尝试啦（原理是一样的）！

小技巧　　设置幻灯片放映——幻灯片切换——换片方式，单击鼠标键时，前面的勾去掉，可避免未点击刀闸演示实验就进入下一张幻灯片的现象。

WPS Office

7

初探 2012

2011 年 9 月，金山软件正式发布 WPS Office 2012，它免费、小巧，深度兼容的 WPS Office 2012 具有焕然一新的全新界面、Windows 7 风格、大气时尚，更有最新的在线模板和在线素材库，加上十大文档创作工具以及百项深度功能改进……想了解更多？本章就带你初探 2012 "庐山真面目"！

技巧 1

WPS 2012 首页
"我的模板"全接触

作者：李月林

WPS 办公软件的"首页"功能，可以在本机使用其网络提供的万千办公模板，提高办公效率。该功能在 WPS2012 中进一步得到了加强，下面以 WPS 文字为例，一起来探寻新功能（WPS 表格和演示的操作相同）。

启动：打开 WPS2012，会自动打开"首页"（见图 1），也可以在使用过程中单击功能区右上方的"首页"按钮，图片 1.png。

单击首页下方"下次启动直拉新建空白文档"前的复选框，再打开 WPS 时，就不会自动启动首页了。

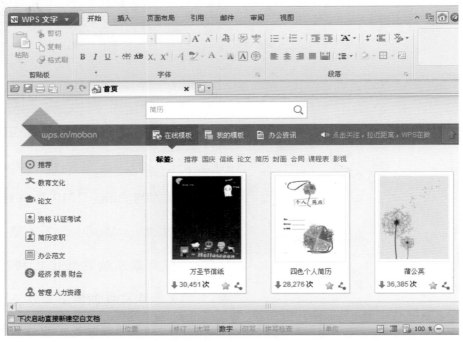

▲ 图 1

随着官网模板频道的改版，首页中的模板分类、标签也有新的变化。分成了在线模板、我的模板和办公资讯 3 个方面。

首页默认显示的是"在线模板"的内容，左侧有不同类型的模板。

"我的模板"是这次最主要的变化，将用户上传官网收录的模板，在个人中心显示出来。

单击首页右上角的登录按钮，打开登录对话框（见图 2），输入 WPS 通行证账号和密码登录（新用户可以在这里注册 WPS 会员）。

▲ 图 2

单击"我的模板"，显示"我的收藏"的模板，如果没有收藏，会提醒你如何收藏需要的模板（见图 3）。选择"我的上传"、"最近查看"可以显示相应的内容。

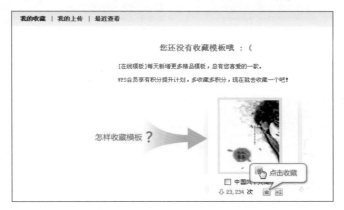

▲ 图 3

收藏的模板如果不需要了，可以通过复选框选中，选择移除。

好东东就要大家分享，如果有实用或喜欢的模板推荐给好友，可以分享"我的模板"：单击"在线模板"，按分类或标签找到模板（我的收藏和我的上传中的文档同样可以这样分享），单击模板右下角的分享按钮，在弹出下拉菜单（见图 4）中选择分享的对象，并根据提示操作。

▲ 图 4

"办公资讯"（见图 5）可以及时了解最新的 WPS 动态，接触最新、最热的模板，掌握 WPS 的办公技巧。

▲ 图 5

与 WPS 融为一体的首页，将成为 WPS 用户与网络交互信息的"门户"，为用户提供全方位的服务，助力 WPS 的云计划。

技巧2 WPS 2012 文字 排版通用技巧点睛

作者：王欣欣

炫酷的 WPS2012 终于出来了，无论是界面还是全新操作模式都将新版的 WPS 装点得华丽无比。功能再丰富，离不开娴熟的操作技能；操作再简便，也离不开烂熟于心的经验。借助软件"生产"出啧啧称赞的页面才是最终目的。请跟我一起来用各路招数编排一页文稿。要知道，只有精美的页面呈现在您的面前，那才是响当当的硬道理。我们边说边用，您来仔细体验 WPS2012 文字给我们带来的方便与专业。

先来看看成品的页面（见图1），这是中英文混排的一个关于观测太阳的页面，页眉和页脚处是深蓝色的色彩条，题目和页数使用了风格类似的形状快，页面正中有一条横线分割。页面下方和上方采用了不同的分栏。当然，这只是一些描述，至于为什么这样设计，在随后的讲解过程中都会提到。

▲ 图1

一、熟悉选项卡和功能区，用快捷键全面掌控 WPS2012

新建一个普通页面的文档，开始设置页眉和页脚。操作过程中注意随时保存。怎么做？依然用鼠标点来点去？那就太慢了，不妨试试看 WPS2012 中重点打造的快捷键操作（见图 2）：新建页面依次敲击 Alt+F+N；进入页眉页脚的编辑 Alt+N+H；随时保存更是快捷，只要用右手点 3 个键 Alt+F+S，整个过程瞬间完成，爽极了！WPS2012 将各种功能按照分类用选项卡的形式编排在页面上方，下面又分为数个功能区，这点变化需要您通过实践来适应。

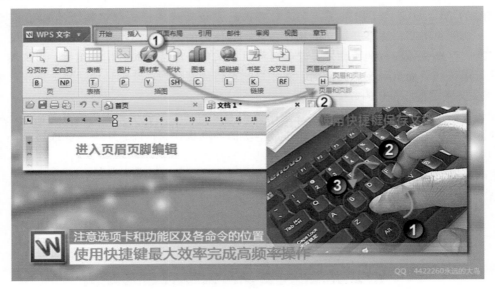

▲ 图 2

点评　　不要忽视快捷键的作用，对于经常从事文档编辑，尤其是重复性工作的读者来说，熟记几组甚至十几组快捷命令，不仅可以大幅度提高工作效率，更是一种专业的表现，这样可以将更多的精力集中在文稿内容创作中来，从而使您对软件的操作带来革命性的变化。

二、完成页眉页脚的处理

对于需要以彩页形式呈现的文档，页眉页脚的装饰很有必要。使用上下一致的纯色条是个好方法。我们采用向页眉页脚添加表格并填充色彩的办法来实现。WPS2012 文字中将表格放在了插入选项卡下，这与以前版本有所不同（见图 3）。

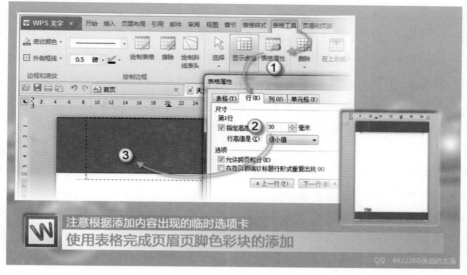

▲ 图3

图3中"页眉和页脚"是在将进入页眉页脚编辑区后出现的临时选项卡，表格样式、表格工具等选项卡都是在插入表格后出现的，都是在特定的内容出现或者插入时才有的。要适应在WPS2012下这种命令集中化细节的设置。

三、利用在线素材库丰富页面元素

您当然可以直接将题目打在彩条上，不做任何装饰。但是这样一定会十分单调，我们采取的解决办法是将题目的字体和大小设置妥当后，为它添加一个某种形状的背景。在例子中使用了一个类似砍去一角的方块，并将其设置为阴影效果，这样看起来比单独摆放题目表现力要强多了（见图4）。

▲ 图4

点评 　请注意，这种背景形状要善于利用 WPS 高度整合的在线素材库来寻找合适的图形。WPS 已经不再单单是一个开放的、供用户使用的公共在线素材平台。它将其与个人账号联在一起，可以对其中感兴趣的内容就随时保存，相当于一个随时携带的素材包。素材库多数是可以任意调整大小的矢量图形，分为图标、图、按钮、符号、箭头和组织结构图等十几种类别。

当然，你也可以使用传统的形状来添加这样的效果。不论何种方式，WPS2012 中对于图形类对象的操作最主要的功能都集中在了"绘图工具"选项卡下的"图片样式"功能区中。无外乎包括图片内部色彩的填充，轮廓线形和色彩的设置，只要做到心中有数，做出一张高质量的图形是十分容易的。

四、对象图层 - 图形调整的得力助手

在上面的讲述中没有提到添加形状块以后的标题文字如何添加。读者想到用什么方法了么？

使用文本框是个好选择。在已经添加好的形状快上加上一个文本框，仔细调节文本框的位置，设置字号和行距等属性，直到看上去美观大方。

因为要实现文本框覆盖在形状块上面，不论对哪一个对象的操作，选中都有可能麻烦，这时选中任意一个图形对象后，点击"绘图工具"临时选项卡中的"对象图层"，这时所有的图形对象都可以出现在列表中，可以根据需要准确选择。还可以直接拖曳这些对象的位置，调整它们叠加覆盖的次序，十分方便。

如果设置好的形状块想要重复使用，那么又要用到在线素材库，在图形对象上点击右键，保存到素材库即可，如在页脚下方的页码形状块，只需要直接调用素材库的保存的单元即可（见图 5 ）

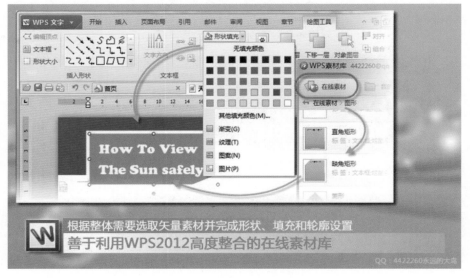

▲ 图 5

> **点评**
>
> 好的文档元素诸如美观的图形都是一点一点精心调整出来的，不要过分追求一劳永逸的方式。现成的模板永远不可能完全满足你的要求。对于一般用户来说，深入了解某个功能的使用细节并娴熟操作，远比依靠现成的模板来调整效果要好得多。

五、文字八爪鱼轻松调整段落布局

文档中图文的混排想要做到美观整齐，使用表格是一个很好的实现方式。利用表格的单元格可调的特性调整版面、控制边界、添加各种分隔线、设置线型及颜色等，只需要将不需要的框线去掉设置为无色即可。不论是普通段落还是单元格中的段落，都是可以方便地使用WPS2012中称之为"文字八爪鱼"的工具，这个名字叫得实在是太形象了，有了它，段前段后距、缩进等操作就十分方便、直观（见图6）。

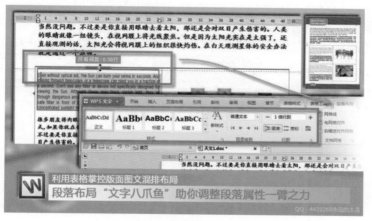

▲ 图6

> **点评**
>
> 本文档中第一段中英文对照使用普通段落，其余的部分因为要实现图片和文字的对应，所以添加了一个2×2的表格，并在单元格内部仔细调整了段落间距和文字格式。使用这样的方式可以做到图片的精确居中，不必要来回拖动图片调整位置。

中间的分隔线实际上是表格上框线的经过处理后实现的，看起来就是一条独立的分割线，读者要善于对表格做这样的处理，较为复杂的图文混排，玩转表格是必备的一项技能。

至此，我们就完成了这样一个页面的排版。应该说它集中展示了WPS2012的很多的优秀功能。很多操作的细节没有过多描述，目的就是希望读者自己在实践中体验。WPS2012可以说是WPS从界面到操作模式改革的一个里程碑。

技巧3 隔壁小明体验 WPS 2012 五大实用功能

作者：李宇琨

大家好，我是隔壁的小明，喔，对，撸 SIR 是我的室友。啥没听过？没听过那是你 OUT 了！我一直在用 WPS 处理一些文字数据，像什么实验报告啊，个人简历啊，毕业论文啊，暗恋女生通讯录啊 ... 额，用 WPS 这么久，它玲珑的身材，火箭般的启动速度，小巧的内存使用率都深深地打动了我（见图 1）。总之，我对它的感觉只有两个字能形容：好用！！！

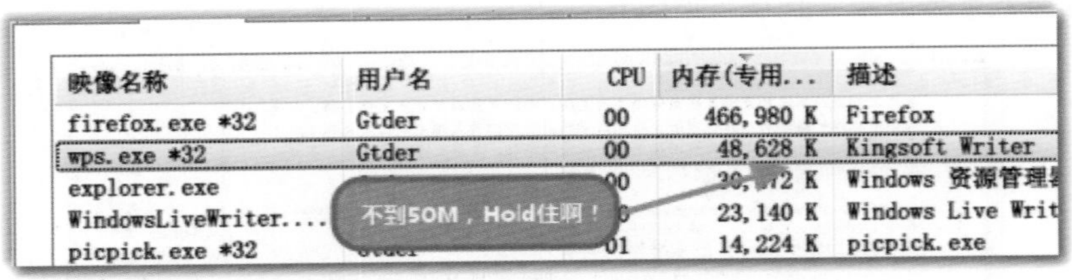
映像名称
用户名
CPU
内存(专用...
描述
firefox.exe *32
Gtder
00
466,980 K
Firefox
wps.exe *32
Gtder
00
48,628 K
Kingsoft Writer
explorer.exe
Windows 资源管理器
WindowsLiveWriter....
23,140 K
Windows Live Writ
picpick.exe *32
01
14,224 K
picpick.exe
不到50M，Hold住啊！

▲ 图 1　WPS2012 占用内存很少

啥也不说了，刚刚听说 WPS2012 在这个金秋十月的季节里横空出世了，小明我也是果断升级尝鲜！使用一段时间后也有些心得，今天就来唠唠 WPS2012 的 5 大实用功能！

一、素材模板库

易用，好用才是王道。一个办公软件怎么才能更适合中国人的使用习惯？这点微软没有金山懂。在 WPS2012 中，最值得称道也最贴心的功能估计就是神奇的“在线素材库”。WPS 的在线素材库非常丰富，不论是报告模板、求职简历、毕业论文、办公范文、还是各种实用表格，PPT 模板，一应俱全。搜索下载都十分方便，简单易用，对提升学习、办公效率极有帮助（见图 2）。

▲ 图2　用户登录后还可以收藏素材

二、八爪鱼

这条神奇的八爪鱼，其实就是面板上方"段落布局"功能（见图3）。

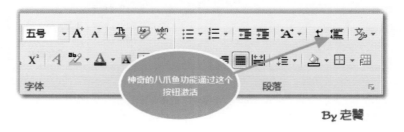

▲ 图3　点击按钮，激活"段落布局"功能

　　激活八爪鱼功能后，使用"八爪鱼"选中的段落，上下左右都可以全方位缩进。更贴心的是，段落段首也可以直接用鼠标缩进，是不是比用光标空格快捷很多？听说金山的程序员们正

在抓紧训练八爪鱼，让它掌握更多技能！当然，感觉被八爪鱼束缚的你，只需要轻轻一点，就可以去除"八爪鱼"功能（见图4）。

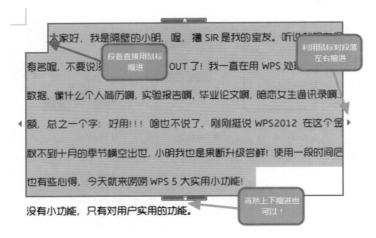

▲ 图 4　八爪鱼的使用

三、备份管理

微软的 Office 在 2007 版中加入了异常关闭的文档恢复功能。对于经常由于计算机崩溃而损失大量未保存文档文员们来说，这个功能简直就是太好了。别看 WPS2012 体积小巧，同样具备文档备份功能，而且也非常方便易用（见图5）。

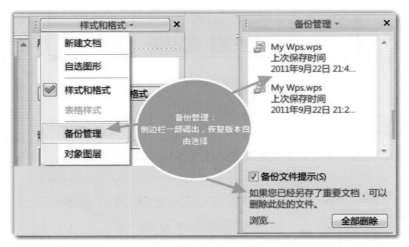

▲ 图 5　WPS2012 的备份管理

四、文档多标签页显示

多标签文档浏览，仿照时下流行的浏览器多标签页面模式，处理多文档十分方便，更是像小明这样的"复制粘贴党"的福音（见图6）！

▲ 图 6　文档多标签页显示

五、文档即时同步

当然，绝对不能忘了 WPS 的绝配：WPS 快盘（见图 7）！！！

▲ 图 7　快盘组件

　　WPS 快盘，就是金山的另一个明星产品——金山快盘，提供类似 Dropbox 的服务。以小明的使用体验来说，快盘是国内同类产品中最有诚意的。有了快盘，几乎可以和 U 盘说拜拜了。把要同步的文件轻轻一拖，在使用相同账号的其他所有装有快盘客户端的电脑，都可以即时同步到这个文件，省去了拿 U 盘拷来拷去的麻烦，还不用怕复制文件的时候招来木马病毒，白领一族的利器啊！当然，限于篇幅，关于快盘的更多功能就不一一道来了，安装了 WPS2012 的朋友不妨自己体验以下。

六、总结

　　WPS 实用的功能当然不止这些，像文档 PDF 转出，对发布作品很有帮助；"显示/隐藏功能区"，更简洁的面板，更有利于写作思路；还有更符合中国人使用习惯的"章节导航"的设置等。正可谓，细微处见真招，有关 WPS2012 更多细节，留待以后慢慢发现。总的来说，金山打造一套国人易用的办公软件是成功的。

技巧4

WPS 2012
界面风格任我选

作者：孙少辉

经过漫长的期待，WPS 官网终于给出 WPS Office 2012 内测版的下载链接。与以往版本相比，WPS 2012 最大的变化之一就是用更时尚的 2012 风格界面（如图 1）取代了传统的菜单式用户界面。

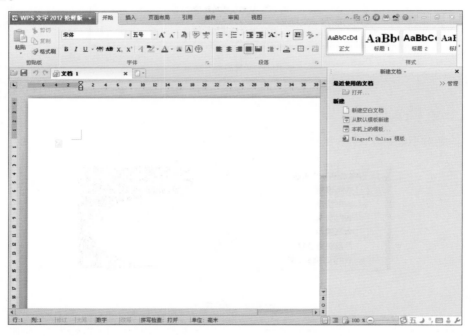

▲ 图1

不过在让用户体验更加时尚的图形界面的同时，WPS 也没有忘记那些老用户的需求——他们长期面对传统的菜单式用户界面，对于相关命令的位置、常用的操作方式已经很熟悉了，因此，对于传统的菜单式用户界面也充满了感情。因此，WPS 在默认使用 WPS 2012 风格界面的同时，也提供了两种界面风格的自由切换，为用户提供了选择的自由。用户可以通过以下两种方式自由选择 WPS 2012 的界面风格。

一、在安装过程中进行选择

在安装过程中，用户可以单击安装界面左侧的选项，自由选择自己所喜欢的界面风格，如图 2 和图 3 所示。

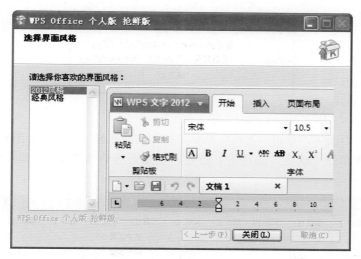

▲ 图2

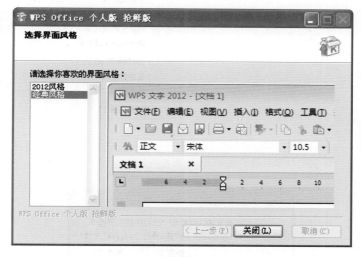

▲ 图3

二、通过切换界面命令实现两种界面风格的切换

1. 在 WPS 2012 风格界面下，单击屏幕右上部的"切换界面"按钮（如图4），在弹出的"切换界面"对话框里单击"确定"按钮后（如图5），重新启动 WPS 2012 即可切换回经典风格界面。

▲ 图4

▲ 图 5

2. 在经典风格界面下，单击"工具"菜单下的"切换界面"命令（如图 6），在弹出的"切换界面"对话框里单击"确定"按钮后（如图 7），重新启动 WPS 2012 即可切换回 2012 风格界面。

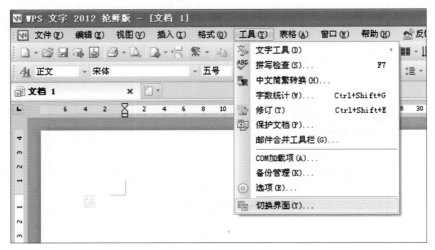

▲ 图 6

▲ 图 7

管中可以窥豹，滴水也能映日，WPS 2012 中两种界面风格任凭用户自由选择，小小的变化彰显的却是对用户的理解与尊重，值得喝彩！

WPS 2012 "导航窗格" 引领文档修改 "快车道"

作者：李月林

查阅一篇 300 多页的文档，想查找一些内容，鼠标滚轮飞速旋转，眼睛盯着屏幕看，生怕错过重要的内容，实在太耗费功夫？ WPS Office 2012 集成 "插入封面" 和 "生成目录" 的 "章节导航" 功能，一起来认识认识吧。

一、打开 "导航窗格"

新建或打开一篇文档，单击 "视图" 选项卡，单击 "导航窗格" 按扭，在文档左侧打开了 "单节导航"，如图 1 所示。

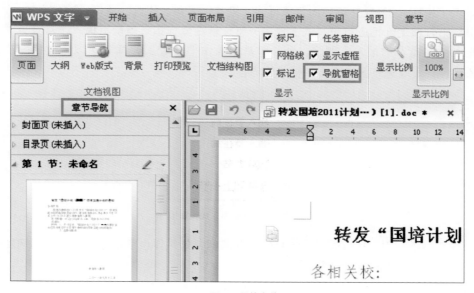

▲ 图 1 导航窗格

导航窗格中依次显示封面页、目录页、第 1 节……并以缩略图的形式显示文档内容，可以查看文档中哪些页中有图片、哪些页中有表格。单击缩略图，就在文档工作区显示该缩略图中的内容，就像是单击了超链接一样。有经常使用长文档习惯的读者，可以在 "导航窗格" 右侧打勾，这样每次打开文章，就会自动显示 "导航窗格" 供您使用。

二、插入封面页

单击 "导航窗格" 中第一项 "封面页"（未插入），展开系统提供的封面（如图 2），鼠标指针移动到喜欢的封面上单击一下，就在当前文档的首页前插入一个封面页（节）。同时，"导航窗格" 中 "封面页"（未插入）变成了封面的名称。

▲ 图 2　插入默认封面

三、插入目录页

　　"导航窗格"中提供了自动生成目录和手动生成目录两种插入目录的方法。单击"导航窗格"目录页（未插入），展开不同的目录样式：默认、古典、优雅、流行、现代、正式、简单和手动。鼠标指针移动到相应目录样式上单击一下，就在鼠标指针当前页插入了目录页。"导航窗格"中还加入了章节的插入、删除、合并等基本操作（见图 3），同时可以修改每一节的名称，和缩略图一样，可以更方便地查阅到相关的内容。

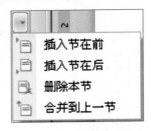

▲ 图 3　章节的基本编辑操作

　　以上就是 WPS 2012 升级版"导航窗格"的内容，如果你也常常被长文档编辑问题所困扰，可以尝试一下！这个功能确实很棒！

CEO 致辞

亲爱的读者朋友！

您好！

感谢您对金山办公软件的关注和支持，我们专注于 Office 文档处理领域技术与产品的研究、开发、营销及服务，希望能给您的日常办公带来高效、轻松与便捷。长期以来，我们为用户提供 WPS Office 系列办公软件，帮助企业用户及个人用户提高效率、优化流程。眼下，伴随着云技术和移动互联网的发展，我们将把握用户的最新需求，提供创新的产品，开创全新的商业模式，在互联网时代争取更大的胜利！

因此，我们做 WPS 等产品的思路已经发生了变化，过去我们做的是WPS 工具，是一款编辑文档的工具软件，未来我们要做的是互联网服务，为企业用户、个人用户提供基于互联网的办公服务，帮助用户实现高效办公。在 WPS Office 之外，我们在 2011 年推出了全系列新品，包括移动 Office 软件、金山快盘云存储产品、金山安全解决方案以及 Web 版 Office 产品，希望这些产品能给您带来更好的价值，让您的工作更轻松，这是我们坚持不变的梦想。

Easier for your work, Easier for your life!
We have been working hard at it.

金山办公 CEO

关于金山 WPS

珠海金山办公软件有限公司（以下称金山办公软件）是金山软件旗下公司，专注于 Office 文档处理领域技术与产品的研究、开发、营销及服务，致力于帮助企业用户及个人用户提高效率、优化流程。"让办公更轻松"是金山办公软件的使命。

金山办公软件主营 WPS Office 办公软件、移动 Office 软件、云存储软件以及在线 Office 软件产品及服务，全面满足不同用户对办公软件的需求。目前，WPS Office 产品和服务已在个人用户和企业市场占据领先地位，并广泛应用于政府、金融、能源、教育等众多行业。

面向未来，坚持创新，树立国际化品牌是金山办公软件的长远发展规划。金山办公软件研发中心位于珠海，在北京、上海、广州等地设有营销中心。自 2009 年以来，金山办公软件秉承技术立业的信念，实现互联网化的全面转型。目前，金山办公软件的产品已经迈出国门，走进日本、北美、东南亚等众多国家和地区。

"云办公"战略

金山办公软件专注于 Office 文档处理领域技术与产品的研究、开发、营销及服务。
我们希望帮助世界各个角落的用户更好地应用互联网办公。
我们希望帮助用户实现文档在各种设备上的存储应用。

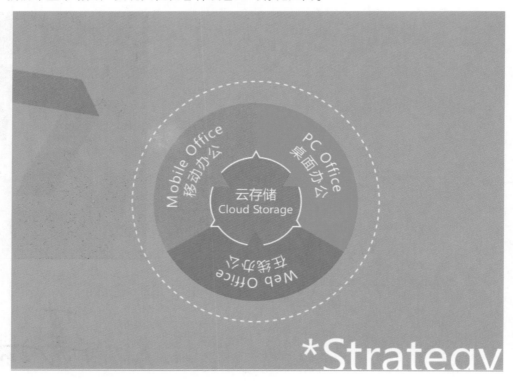

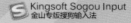

WPS®Office

WPS Office 是一款开放、高效、安全，与微软 Office 文档格式兼容并极具中文本地化优势的办公软件。

WPS Office 个人版产品面向个人用户，对个人用户永久免费。

2011 年 9 月，金山办公软件推出 WPS Office 2012 。

WPS Office 个人版包含用户日常应用所需的 WPS 文字（对应 Word）、WPS 表格（对应 Excel）、WPS 演示（对应 PowerPoint）三大模块。

WPS Office 专业版产品面向企业级用户。

WPS Office 2012 专业版包含用户日常应用所需的 WPS 文字、WPS 表格、WPS 演示、金山输入法、金山邮件组、金山 PDF 阅读器六大组件。

目前，金山 WPS Office 专业版已经成为中国政府、企业普及最为广泛的办公软件之一，在外交部、新闻出版总署、工业与信息化部、民政部、发改委、国资委等多家政府单位以及国家电网、宝钢、腾讯、农业银行、南方电网、航天科工等众多企业单位中均获得广泛应用，逐渐成为用户首选的办公产品。

100,000,000*

*2010 年 6 月，WPS Office 累计使用用户超过 1 亿。

WPS Office 2012

1 分钟下载 & 安装
与 Office 深度兼容，体积小巧，完全免费

Win7 风格界面
顺利通过 Win7 认证，时尚界面，给你耳目一线的体验

10 项简单的创作文档功能
丰富在线资源和多项创新工具

100 项新增 & 改进点
细节改进，简化繁复编辑操作

随时随地办公
办公变了，文档随身带，就像怀揣在口袋中

贴心服务，就在你身边
专业支持团队助您成功解决难题

 Writer 文字　 Presentation 演示　 Spreadsheets 表格　 Kingsoft Mail 金山邮件　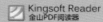 Kingsoft Reader 金山PDF阅读器　 Kingsoft Sogou Input 金山专版搜狗输入法

easy · smooth · enjoy
让办公更轻松

金山办公

珠海金山办公软件有限公司
北京市海淀区小营西路 33 号，金山软件大厦，100085
服务和咨询：400-677-5005
传真：(86)010-82325757

微博客服：
新浪微博 @WPS 官方微博 @WPS 微服务
腾讯微博 @Kingsoftwps

www.wps.cn